Xavier Duran

Molècules en acció
Del big bang als materials del futur

UNIVERSITAT POLITÈCNICA
DE CATALUNYA
BARCELONATECH

UPC

HYPERION
Manuals de supervivència científica per al segle XXI
Coordinador: Jordi José

En col·laboració amb el Servei de Llengües i Terminologia de la UPC

Primera edició: novembre de 2010

Disseny gràfic de la col.lecció: Tono Cristòfol
Maquetació: Talleres Gráficos Alfa

Imatge de la coberta: Corbis Images

©   Xavier Duran, 2010

©   Edicions UPC, 2010
         Edicions de la Universitat Politècnica de Catalunya, SL
         Jordi Girona Salgado 31, Edifici Torre Girona, D-203, 08034 Barcelona
         Tel.: 934 015 885   Fax: 934 054 101
         Edicions Virtuals: www.edicionsupc.es
         E-mail: edicions-upc@upc.es

Producció: LIGHTNING SOURCE

Dipòsit legal: M-50246-2010
ISBN: 978-84-9880-440-9

"Paraula d'argent
amb superfície de màgia
que just s'oxida en pronunciar-la,
màscara obscura
del somriure de la vida."

Àngel Terron: "Química"

ÍNDEX

INTRODUCCIÓ:
LES ARRUGUES DEL SHAR-PEI

"Realment, els químics no han estat proactius com haurien d'haver estat explicant al públic per què la seva ciència és important."
David Rees

"La sort és que hi ha química entre nosaltres, una cosa molt difícil de trobar."
Anna Lizaran
(parlant de l'obra de teatre El ball, *que protagonitzava amb Sol Picó)*

Els shar-pei són una raça de gossos originada a la Xina fa més de dos mil anys. Presenten unes característiques arrugues al cap i a la part anterior del llom. En els cadells, aquestes arrugues omplen gairebé tot el cos. Sembla que el seu nom, que en xinès significa "pell de sorra", podria fer referència a les dunes del desert, evocades per les ondulacions que presenta l'epidermis del gos. La revolució comunista de Mao Zedong gairebé la va eliminar, ja que va perseguir totes les mascotes, que considerava un símbol burgès i una pèrdua de recursos. Però als anys setanta se'n van enviar uns exemplars als Estats Units i allà es va recuperar.

La seva raresa va donar-los una gran popularitat i avui són molt apreciats a Europa i a l'Amèrica del Nord. Però aquest èxit també els ha comportat un perjudici: la gent ha volgut accentuar allò que els fa diferents i se n'han fet encreuaments per potenciar-ne les arrugues. Avui, el tipus de shar-pei més conegut és el de cos més compacte i amb la pell plena de plecs, una mica diferent del gos esvelt que s'utilitzà com a guardià a la Xina fa uns quants segles.

Fer encreuaments per potenciar una característica porta a aparellar individus que solen tenir un parentiu proper. I això evita la barreja de gens diferents i facilita que les característiques es mantinguin. I, entre aquestes, n'hi pot haver de poc desitjables, com ara malalties hereditàries. Investigadors de la Universitat Autònoma de Barcelona van presentar, l'any 2008, un estudi en què explicaven la causa de la formació d'aquestes arrugues i de quina forma podria servir per conèixer millor alguns problemes mèdics que presenten tant aquesta raça de gossos com les persones.

Els científics varen descobrir que es produïen per un excés d'àcid hialurònic, substància que omple l'espai entre les cèl·lules i que precisament s'utilitza per combatre les arrugues, però que en una quantitat massa elevada pot produir l'efecte contrari. La causa de l'excés d'aquest àcid és una alteració genètica que augmenta l'activitat d'un enzim –un catalitzador biològic-, anomenat HAS2, que provoca aquesta síntesi descontrolada.

El treball servirà, d'entrada, per conèixer millor la biologia de les cèl·lules de la pell, però també pot ser útil en la selecció dels gossos, per evitar que els encreuaments provoquin un excés fatal en l'activitat d'aquest enzim. A més, servirà per comprendre els processos d'envelliment i per estudiar millor els mecanismes d'algunes malalties humanes, com la mucinosi –acumulació anormal d'una substància anomenada mucina a la dermis–, i intentar trobar tractaments que les alleugin o les curin.

La recerca il·lustra, bàsicament, dos fets. Un és que conèixer millor els mecanismes bioquímics de determinats processos ajuda a comprendre millor la causa d'algunes malalties i els seus possibles remeis, tant si la recerca es fa en animals com en persones. L'altre és que les arrugues del shar-pei, tan atractives per a força gent, es poden explicar per un procés químic i que això pot ajudar en la selecció dels animals.

No hauria de ser tan important explicar que la química juga un paper destacat en aquest procés i en molts altres. Però, probablement, el desconeixement d'aquesta ciència i la mala imatge que arrossega fan necessari aportar molts exemples com aquests. La química té, des de fa anys, una cara amable, la que porta a dir que una parella s'avé perquè entre els seus integrants hi ha química o a ressaltar que en un concert hi va haver molta química entre els intèrprets i el públic. No són rares les crítiques de cinema que destaquen si entre els protagonistes hi havia o no química, cosa que sembla suscitar un debat científic interessant en el món del setè art.

Però diríem que, en els mitjans i entre el públic general, pesa més l'altra cara, la que fa que la paraula *química* gairebé sigui sinònima d'*artificial*, sinó de *perjudicial* o *tòxic*. Hi ha qui vol eliminar la química de la nostra alimentació, sense pensar que això seria com voler eliminar l'acústica de les nostres converses o l'anatomia dels nostres cossos. Són ciències o disciplines que analitzen i intenten explicar, i no de coses que es puguin treure o posar. Un shar-pei sense química no tindria arrugues —cosa que n'eliminaria l'atractiu—, però tampoc no tindria proteïnes ni hormones ni res.

L'objectiu d'aquest llibre no és fer una apologia de la química, sinó donar a conèixer els nombrosos processos on es veu implicada. Ens ajuda a explicar l'origen de l'univers i de la vida, com funciona el regne vegetal i quins ensenyaments en treiem per obtenir-ne fàrmacs, què s'amaga darrere de moltes de les nostres emocions; permet obtenir nous materials i, finalment, pot provocar, també, grans desastres. La química avui és present en nombroses disciplines, des de la farmacologia i la cosmètica fins a l'exploració espacial, les noves fronteres de l'energia i els ordinadors del futur.

La química es pot apreciar més o menys, pot agradar més o menys i pot interessar molt, poc o gens. Però, si més no, se li ha de donar l'oportunitat que s'expliqui, que ens faci pensar que diferent que seria el nostre món sense químics. Perquè, a més, el fet que la química sigui més beneficiosa que perjudicial depèn dels químics, dels industrials i dels dirigents, però també depèn, i molt, de tots nosaltres. Una societat més informada és també una societat més compromesa i responsable. El món el fem entre tots, sigui per acció, sigui per omissió. Entre tots podem aconseguir una societat on hi hagi bona química entre la majoria dels seus components.

1 / Shar-pei
La raresa dels gossos shar-pei, i especialment les seves arrugues, els han fet una raça molt apreciada.

1

DEL BIG BANG A LA VIDA

"... els elements semblants s'uniren amb llurs semblants, posaren límits al nostre món, en distribuïren els membres, disposaren en ordre les seves grans parts..."
Lucreci: De rerum natura

"Quin pol·len dels estels
fou el nostre bressol?"
Rosa Fabregat: Cant dels orígens

Tot va començar el moment del big bang, la "gran explosió". Els astrofísics anomenen així l'esdeveniment que es va produir fa 13.700 milions d'anys i que va donar lloc a l'univers actual. Solem dir que, en aquell moment, tota la matèria estava concentrada en un punt de gran densitat, però la idea real, la que tenen els físics en ment, és tan subtil i té tants matisos que això –diuen– no és ben bé exacte. Ben difícil d'imaginar resulta per als no entesos, perquè va ser en aquell moment que va sorgir l'espai-temps, i a poc a poc aparegueren les forces que controlen el comportament de la matèria.

Fos com fos, el que ens interessa explicar aquí és quan apareix alguna cosa susceptible de ser estudiada per la química. I això no va trigar gaire. Potser un minut o una mica més. Sembla una fracció de temps molt breu, però no ho és tant si ens fixem en les que s'estudien per conèixer les primeres etapes de l'univers. Als acceleradors de partícules, s'intenten reproduir les condicions que hi havia fraccions de segon després de la gran explosió.

Si els processos que varen tenir lloc es poden estudiar fins a fraccions de segon, un minut ja és un temps prou apreciable perquè hi passessin moltes coses. De fet, hi ha qui diu, irònicament, que els primers minuts de l'univers foren molt moguts, però que després hi ha hagut molta monotonia.

Al principi, la temperatura era tan elevada que només existien partícules. Els era impossible, en aquelles condicions, unir-se formant àtoms. L'univers inicial consistia en una barreja de quarks, fotons, electrons i radiació electromagnètica. Després, els quarks s'uniren i formaren els protons i els neutrons. Havien passat uns segons i la temperatura ja havia baixat de forma notable. "Només" era d'uns deu mil milions de graus (10^{10} graus, un 1 seguit de deu zeros). Per damunt d'aquesta temperatura, els quarks estaven massa "excitats" per ajuntar-se. Però el refredament de l'univers ja feia possible que s'unissin per formar protons i neutrons, les partícules que integren els nuclis atòmics.

Un segons després, a mesura que la temperatura i la densitat disminuïen, ja es va poder formar el nucli del que seria el primer element: l'hidrogen. És, lògicament, el més simple. El seu nucli té un protó solitari i al seu voltant gira un sol electró. El nombre de protons dóna la identitat a un element químic, el seu nombre atòmic. L'hidrogen és l'element número 1. Més tard es formaren els àtoms i el d'hidrogen té també un sol electró que gira al voltant del nucli.

Però un element es pot presentar en formes diverses si al nucli hi ha una quantitat variable de neutrons –el nombre d'electrons al seu voltant no varia. Això no n'afectarà la identitat, el nombre atòmic. L'hidrogen sempre serà el número 1. Però l'hidrogen en si no té cap neutró. Ara, si al nucli, a més del protó –irrenunciable–, hi ha un neutró, es forma el que coneixem com a isòtop. Els isòtops s'anomenen amb el nom o el símbol de l'element i posant-hi davant, com a superíndex, el pes atòmic –la suma de protons i neutrons. Així, l'hidrogen amb un neutró és ^{2}H. I si té un altre neutró tindrem el ^{3}H. L'hidrogen té l'honor de ser l'únic element amb isòtops que tenen nom propi: deuteri i triti, respectivament.

El deuteri és importantíssim per refer la història dels primers minuts de l'univers. Per processos que no explicarem sinó que simplement esmentarem, els neutrons es poden convertir en protons, i a l'inrevés. Això va passar moltes vegades durant els primers instants de l'univers. Els neutrons lliures són relativament inestables -la seva vida mitjana és d'onze minuts-, mentre que si es troben al nucli són estables. Per això, aviat els va sortir a compte formar àtoms de deuteri. Era una forma de mantenir-se vius.

Però el procés no acabava aquí. Al deuteri, a aquelles temperatures tan elevades, li sortia també més a compte fusionar dos dels seus nuclis, perquè l'element resultant encara és més estable. Si cada nucli té un protó i un neutró, els nous nuclis tindran dos protons i dos neutrons. I aquesta és l'estructura atòmica d'un altre element: l'heli. Els seus dos protons li donen el nombre atòmic 2. I el fet que tingui dos neutrons li proporciona una massa atòmica de 4. És, per tant, l'heli-4 (^{4}He). Però també pot existir l'heli-3 (^{3}He), que només tindria un neutró. Aquest es va formar quan a l'àtom de deuteri se li unia un sol protó.

Han passat pocs minuts des del big bang quan s'inicia aquesta síntesi. L'univers és molt jove però ja conté dos elements químics. El procés podria haver seguit, però es trobava amb una barrera. D'una banda, l'heli és molt estable i, per "convèncer" els seus àtoms que s'unissin i formessin elements de nombre atòmic més elevat i més pesants, caldria molta energia. D'altra banda, la temperatura i la densitat anaven disminuint i no hi havia les condicions que permetrien produir aquesta unió. Només hi aparegueren àtoms de liti, l'element de nombre atòmic 3, i de beril·li, de nombre atòmic 4, però en quantitat molt escassa per comparació a l'hidrogen i l'heli.

És per això que l'univers primitiu es componia bàsicament d'hidrogen i heli. I així continua essent avui. El 88% dels àtoms de l'univers són d'hidrogen –en qualsevol de les seves formes isotòpiques– i l'11% són heli. L'1% que resta se'l reparteixen la resta d'elements. Així, per cada àtom d'heli n'hi ha 8 d'hidrogen. Però, com que l'heli és més pesant que l'hidrogen, si en tenim en compte la massa, la proporció és diferent: 76% d'hidrogen i 23% d'heli.

Un univers que mantingués aquesta composició hauria estat un lloc relativament avorrit i, en tot cas, no hi hauria aparegut cap ésser viu per observar-lo i estudiar-lo. Però sabem que hi ha un total de noranta elements químics que han sorgit de forma natural, a part dels que s'han sintetitzat de forma artificial.

2/ Els isòtops, com aquests d'heli, només es diferencien en el nombre de neutrons que tenen en el nucli.

Isòtops naturals de l'heli

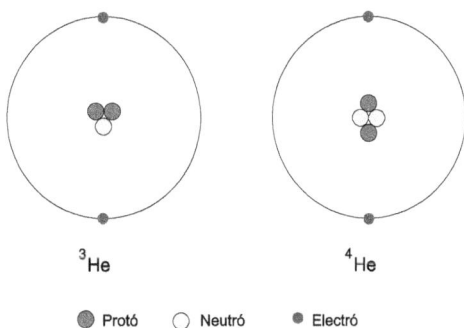

^{3}He ^{4}He

● Protó   ○ Neutró   ● Electró

Això ha passat perquè, sortosament, sota la calma aparent que seguí el big bang, es produïren molts fenòmens violents, amb elevats bescanvis d'energia. La matèria de l'univers aviat s'agrupà, i barreges de pols i gas, empeses per la seva pròpia força gravitatòria, es contreien i es comprimien, i acabaven formant cossos molt densos que, amb aquest empaquetament, tenien una temperatura molt superior a la dels voltants. Naixien els primers estels.

La concentració de la matèria i la velocitat elevada que assolien les partícules que la formaven va fer augmentar moltíssim la temperatura. Al centre d'aquests primers estels, s'assolien deu milions de graus (10^7 graus). I aquestes condicions permetien que es produís la reacció de fusió nuclear que proporciona energia als estels: la unió de dos àtoms d'hidrogen per formar heli. La temperatura permet vèncer la repulsió que experimentarien els dos nuclis, ja que tenen la mateixa càrrega elèctrica i, finalment, es produeix la fusió.

El procés produeix una gran quantitat d'energia. I és el que es vol imitar en els reactors anomenats de fusió nuclear. Mentre que ens els reactors actuals, de fissió, els àtoms radioactius es trenquen i es transformen en altres de més lleugers, en els futurs reactors de fusió els àtoms s'uniran. El problema, però, és que en les condicions que hi ha al centre d'un estel això es produeix fàcilment, però a la Terra cal aconseguir una temperatura i una densitat de matèria molt elevades. Tot i que s'ha avançat els darrers anys, no es preveu que hi hagi cap reactor de fusió nuclear comercial abans del 2030.

Tornem als estels. Al centre del nostre Sol, la temperatura és d'uns 13 milions de graus i la densitat és de 200 quilograms per litre –dues-centes vegades la de l'aigua. En aquestes condicions, el procés de fusió nuclear va per si sol i cada segon el nostre estel crema 600 milions de tones d'hidrogen i el converteix en heli. Podria semblar que, a aquest ritme, aviat acabarà el combustible. Però el Sol pot seguir produint llum i calor encara durant molt de temps, uns 6.000 milions d'anys més. I això que ja en porta més de 4.000 milions. Però li queda combustible en abundància: al Sol hi ha mil àtoms d'hidrogen per cada 63 d'heli.

Tot i així, se li esgotarà l'hidrogen algun dia. I això ja ha passat a d'altres estels –el Sol és relativament jove. Al nucli d'un estel ja vell, hi predomina l'heli. Quan l'hidrogen s'ha acabat, ja no es produeix la fusió nuclear i no hi ha una energia que expandeixi la matèria estel·lar. L'estel es contrau i esdevé més calent. En canvi, les capes més externes pateixen una expansió extraordinària i l'estrella es converteix en el que s'anomena una gegant vermella –perquè amb la temperatura més freda canvia de color. La mida augmenta tant que, en el cas del Sol, arribarà a l'òrbita actual de Venus.

Els estels acaben convertint-se en nanes blanques, astres petits –d'una mida semblant a la del nostre planeta–, però molt densos. Però, abans, l'evolució depèn de la massa de l'estrella. Si és petita, la massa es torna a contraure. Però si l'estel és mitjà –com és el cas del Sol– o gran, el nucli adquireix una temperatura tan alta que fins i tot s'hi pot produir la fusió dels nuclis d'heli. Ara el centre de l'estel es troba a uns 100 milions de graus –deu vegades més que abans. I entrem en una cadena de reaccions que ja produeix força varietat química. Els dos nuclis d'heli formen beril·li, que és inestable i té avidesa per unir-se a un altre àtom d'heli. És així que es forma el carboni, de nombre atòmic 6. També es pot produir una altra fusió i aparèixer oxigen, de nombre atòmic 8. Per això, després de l'hidrogen i l'heli, els elements més abundants a l'univers –i també al nostre Sol– són l'oxigen i el carboni.

Si la massa no és prou elevada, aquí s'acaba la història i es forma un nucli compost de carboni i oxigen. L'estrella acaba, també, com una nana blanca. Però si la massa és prou gran –entre 8 i 10 vegades la del Sol–, la contracció gravitatòria fa que el nucli assoleixi una temperatura tan elevada que la fusió dels elements pot continuar. Ara calen uns 600 milions de graus perquè es formin elements com el magnesi, el silici i fins i tot el sofre –amb un nombre atòmic de 16. De la simplicitat química de l'univers jove, hem passat a una certa riquesa i diversitat. En alguns estels, el procés prossegueix, tot i que no estrictament per fusió, sinó per desintegració dels nuclis, a causa dels fotons i de noves unions. En tot cas, el resultat és que s'arriba a formar fins i tot ferro, amb un nombre atòmic de 26.

El ferro és molt estable i per això la fusió no va més enllà, de moment. Tot i així, la natura troba alternatives, i un procés més complex en el qual intervenen els neutrons i hi ha emissió de raigs gamma acaba produint àtoms més pesants, com ara coure i fins i tot bismut, ja amb un nombre atòmic de 83.

Tot i així, encara ens falten uns quants elements per arribar als 90 que hem dit que es poden trobar a la natura. Hi ha un últim procés que culmina aquesta feina de les estrelles com a fàbriques químiques. El seu nucli de ferro ja no és escenari de reaccions de fusió, però la força gravitatòria continua actuant fins a provocar el col·lapse. Això fa augmentar la temperatura, que ara és de milers de milions de graus. Això fa que fins i tot els nuclis de ferro, tan estables, es desintegrin. Si els àtoms perden els electrons i, fins i tot, els protons del nucli, només queda un conjunt molt dens de neutrons. La mida disminueix de forma sobtada, i la temperatura elevadíssima i aquest procés de col·lapse acaben provocant una explosió. Ha sorgit una supernova. I aquest fenomen tan violent, que fa aparèixer al firmament estels nous allà on fins en aquell moment no hi distingíem res, permet que es formin, ara sí, tots els elements, fins i tot l'urani, amb el nombre atòmic més elevat (92) de tots els que podem trobar de forma natural –hem dit que són 90, perquè el prometi i el tecneci, de nombre atòmic inferior a l'urani, són artificials.

Després de l'explosió, l'astre acaba la vida com un densíssim estel de neutrons, d'un diàmetre que no supera els deu quilòmetres però amb una massa molt més gran que la del Sol. En alguns casos, la massa és prou gran perquè la contracció prossegueixi i acaba sorgint un astre tan dens, amb una força de gravetat tan elevada, que ni tan sols la llum no pot escapar de la seva acció. És el que anomenem *forat negre*.

Ara sabem que, a part de l'hidrogen i l'heli, sorgits amb el big bang, els estels han fabricat tots els altres elements. Però n'hi ha un que ens interessa especialment, perquè és el que ha fet possible l'existència de vida. Es tracta del carboni.

LA SOPA QUÍMICA PRIMORDIAL

Bacteris, fongs, plantes, insectes, rèptils, amfibis, peixos, ocells, mamífers... Tots els éssers vius del planeta tenen unes característiques comunes.

La primera és que són formes basades en el carboni. Que la vida es basi en el carboni es deu a les característiques d'aquest element, que li permet formar llargues cadenes, ramificades o no, i una gran diversitat de compostos –desenes de milions–, on, a més d'ell mateix i d'hidrogen i oxigen, n'hi pot haver d'altres, com nitrogen, fòsfor i sofre. Els compostos de carboni s'anomenen orgànics, amb referència als organismes vius. També hi ha algun compost de carboni que no es considera orgànic, com ara el CO_2 o diòxid de carboni.

En segon lloc, els éssers vius emmagatzemen i transmeten la informació genètica amb àcids nucleics, que dirigeixen la síntesi de proteïnes. Aquestes estan formades per cadenes d'aminoàcids i realitzen funcions molt diverses. Finalment, les formes vives necessiten l'aigua en més o menys quantitat –encara que només sigui com a dissolvent, perquè es produeixin determinades reaccions fisiològiques. Tot això revela un origen comú dels éssers vius. Un dels compostos que és present en tots els organismes vius –tret dels virus– és l'àcid desoxiribonucleic, l'ADN –o DNA, si respectem la terminologia en anglès, utilitzada en l'àmbit científic. Els virus, a la frontera de la vida, són els únics que no en tenen. En lloc seu, tenen ARN –àcid ribonucleic–, però aprofiten l'ADN de l'hoste que envaeixen per reproduir-se.

L'ADN és, doncs, la base de la vida i de la reproducció. És una cadena més o menys llarga, segons l'organisme. Està formada per una successió de quatre compostos, anomenats *bases*: adenosina, citosina, guanina i timina, conegudes per les seves inicials A, C, G i T. Només són quatre, però les combinacions possibles en cadenes que poden tenir des d'uns centenars de components fins als 3.000 milions de l'espècie humana són tantes que les quatre lletres són un alfabet suficient per escriure l'ampli i divers llibre de la vida. I no sols de les diferències entre espècies, sinó també entre individus de la mateixa espècie.

Tal com varen descobrir l'any 1953 James Watson i Francis Crick, l'ADN té una estructura de doble hèlix. Es presenta com una combinació de dues cadenes unides entre si, com si fos una llarga escala de corda, i que giren sobre un eix, com si volguessin convertir-se en una escala de cargol. La unió entre les dues cadenes es produeix sempre de la mateixa forma: l'adenosina només s'uneix amb la timina i la citosina ho fa amb la guanina —una forma de recordar-ho és constatar que les lletres amb una línia horitzontal, A i T, s'uneixen entre si, i que també ho fan entre elles les que tenen forma arrodonida, C i G.

Aquest condicionant perquè les bases s'uneixin és important perquè, d'aquesta manera, a partir d'una sola cadena es pot reconstruir la seva complementària. Així, una cadena serveix de motlle, de prospecte d'instruccions per formar l'altra. I aquí es troba la base de la renovació, de la còpia del material genètic per donar un ADN idèntic.

D'altra banda, la seqüència de l'ADN dóna les instruccions perquè se sintetitzin les proteïnes, que en l'organisme poden acomplir diverses funcions: estructurals, fisiològiques, etc. Aquesta instrucció es basa en el fet que cada triplet de bases remet a un aminoàcid concret. I, seguint la cadena d'ADN, es van unint aminoàcids en un ordre determinat, per formar les proteïnes. Tres bases concretes indiquen la síntesi d'un aminoàcid determinat; les tres següents, un altre aminoàcid; les tres següents, un altre, i així successivament fins que la cadena de bases es tradueix en una cadena d'aminoàcids.

Els últims anys, la ciència ha descobert que el panorama és molt més complex del que se suposava fa una vintena d'anys i que els gens, les porcions d'ADN, poden donar ordres diferents segons on estiguin situats, si es troben influïts per gens veïns, si pateixen l'efecte de compostos activadors o inhibidors... Però el panorama bàsic per comprendre el mecanisme és el que hem descrit.

El que cal ressaltar és que la vida es basa en un element químic —el carboni–, que les activitats de l'organisme es produeixen per compostos químics —les proteïnes- i que la reproducció i la transmissió de caràcters es fan gràcies a una altra substància química –l'ADN. I cal recalcar aquesta obvietat perquè sovint sembla que química i vida, química i natura, siguin coses diferents i fins i tot oposades.

I encara aportarem una afirmació més contundent, extreta d'un dels textos de referència en bioquímica, l'Stryer –anomenat així pel cognom d'uns dels tres autors que el varen escriure i que l'han anat actualitzant: "La doble hèlix és una expressió de les regles de la química." I l'Stryer diu això perquè l'estructura de cada una de les cadenes es forma perquè les característiques químiques dels compostos que les constitueixen faciliten o, fins i tot, forcen la seva unió. I perquè les càrregues elèctriques dels diferents àtoms enllaçats fan que es formi la doble hèlix. "Els principis de la formació de doble hèlix entre dues cadenes de DNA també són vàlids per a molts altres processos bioquímics", diu més endavant l'Stryer. És a dir: la química no tan sols no és aliena a la vida, sinó que explica la base de la vida.

Hem vist abans que el carboni es va generar en reaccions estel·lars. Però, com es va arribar a molècules tan complexes com l'ADN, capaces d'autoreplicar-se? La pregunta equival a interrogar-se sobre com van sorgir les substàncies que donaren lloc als primers éssers vius. Han d'haver sorgit per atzar. Però, no són molt complexos perquè això s'hagi produït així? Una cosa és que, després del big bang, es formessin elements com l'hidrogen o l'heli i, més endavant, d'altres com oxigen, carboni, silici o ferro. Però l'ADN també va sorgir d'aquesta forma?

D'entrada, no sempre s'ha acceptat que les molècules orgàniques es poguessin sintetitzar a partir de les inorgàniques. La teoria anomenada *vitalisme* considerava que hi havia una força vital sense la qual no era possible que es produïssin aquestes molècules. L'any 1828, el químic alemany Friedrich Wöhler va acabar amb aquesta creença, en obtenir, al laboratori, urea –un component de l'orina– a partir de cianur i amoníac. Es demostrava, així, que no calia cap ésser viu ni cap força vital per obtenir compostos presents en els éssers vius –les anomenades *biomolècules*. Aquests compostos, doncs, podien haver seguit un procés de síntesi com qualsevol altra substància.

Un altre pas per comprendre la síntesi de les primeres biomolècules va ser detectar-ne a l'espai. Això es va poder fer gràcies a l'anàlisi espectroscòpica, que va desmentir una altra creença. El filòsof francès Auguste Comte va fundar el positivisme, segons el qual tot coneixement s'ha de basar en dades objectives i reals, i no en idees abstractes. Comte argumentava, així, que mai no podríem conèixer la composició química dels estels, perquè no teníem manera d'analitzar-la directament.

No varen passar gaires anys fins que l'anàlisi de la llum procedent dels estels va permetre esbrinar allò que Comte veia impossible de saber. Tots sabem que la llum es descompon en diverses bandes de colors, i ho hem pogut observar no tan sols contemplant l'arc de Sant Martí –que es forma quan la llum passa a través de gotes d'aigua després de la pluja–, sinó també en reflexos en tolls o en cristalls. Amb certs instruments, la llum es pot descompondre de manera més fina i així s'observen nombroses línies. Aquesta sèrie de línies o bandes és una mena de signatura, diferent per a cada element químic o cada substància. Aquest fenomen va fer que l'any 1868 Norman Lockyer observés en l'espectre de la llum solar una banda que devia correspondre a un element desconegut. El va anomenar *heli*, de la paraula grega que significa "Sol". Aquest element es va descobrir, doncs, abans al Sol que a la Terra i va ser un dels fets que van demostrar l'equivocació de Comte a subestimar les possibilitats de la ciència. L'anàlisi espectroscòpic s'ha sofisticat fins al punt de permetre la identificació de molècules molt complexes. I cal destacar que el seu ús principal és l'anàlisi a la Terra, no a l'espai.

L'espectroscòpia va permetre descobrir, durant el segle XX, nombroses molècules orgàniques en el medi interestel·lar. En aquests moments, se n'han identificat més de 130 i se'n solen trobar unes cinc de noves cada any. Algunes de les que s'han descobert són senzilles com el metà (CH_4) i d'altres molt complexes. La majoria només tenen carboni, hidrogen, nitrogen, oxigen i sofre, però n'hi ha algunes amb silici, i s'ha descobert almenys una molècula que conté fluor, magnesi, clor, sodi, potassi, alumini o fòsfor.

La cerca de molècules a l'espai interestel·lar és objecte de molts estudis, perquè pot donar claus sobre la formació de les primeres biomolècules i l'origen de la vida. L'astroquímica –o cosmoquímica– és una disciplina relativament jove, però que ha traslladat la recerca química a l'espai interestel·lar. És objecte d'estudi en un projecte nord-americà que s'anomena PRIMOS. L'acrònim no es refereix a la paraula que en castellà significa "cosins", sinó que fa referència al mot llatí que vol dir "primer", o "al principi". Es forma a partir de les paraules angleses PRebiotic Interstellar MOlecule Survey –estudi de molècules interestel·lars prebiòtiques, és a dir, prèvies a l'existència de vida.

Entre aquestes molècules, hi ha sucres i alcohols, però també d'altres molt més complexes. Algunes són tan elusives que no s'han conegut fins a descobrir-les a l'espai, perquè mai no s'havien observat al laboratori. Una que es va detectar recentment és el naftalè, format per dos anells de sis àtoms de carboni enllaçats entre ells. De fet, comparteixen dos dels àtoms –com els germans siamesos comparteixen alguna part del cos–, per la qual cosa en total hi ha deu àtoms de carboni.

El naftalè es va descobrir l'any 2008 a l'Institut Astrofísic de Canàries, estudiant un núvol de material interestel·lar que es troba a 700 anys llum de la Terra. La importància d'aquest descobriment és que, si el naftalè es combina amb aigua i amoníac –també comuns en el medi interestel·lar– i amb radiació ultraviolada, pot donar lloc a aminoàcids i a uns compostos anomenats *naftaquinones*, precursores de les vitamines. El naftalè, doncs, podria ser una de les substàncies generades a l'espai i que haurien donat lloc a biomolècules. I aquest procés es podria haver desenvolupat a la Terra. Als meteorits caiguts al nostre planeta, s'hi ha trobat naftalè. La matèria primera per crear biomolècules hauria vingut, doncs, de l'espai. A la Terra, hi arriben cada any més de 40.000 tones de material extraterrestre, entre meteorits, cometes i pols interestel·lar. Les anàlisis fetes als meteorits mostren que tenen un cert percentatge de matèria orgànica, que inclou molècules molt diverses, des de simples hidrocarburs, a sucres –també sembla que aporten aminoàcids, però això encara és una qüestió controvertida. Les aportacions són particularment importants en els meteorits anomenats *condrites carbonàcies*, que es va formar pràcticament al mateix temps que el sistema solar. Són, doncs, un exponent de l'origen del nostre sistema planetari i de les substàncies que podien estar contingudes en el material amb què es va formar.

Ja tenim possibles formes per tal que la matèria primera per a la síntesi de les biomolècules arribés a la Terra. Però també cal explicar el pas següent: com es podien haver transformat per donar lloc als àcids nucleics, les primeres molècules que es podien autoreplicar. Els anys 1924 i 1929, respectivament, el rus Alexander Oparin i el britànic J.B.S. Haldane varen proposar, de forma independent, que a la Terra hi havia hagut una mena de "sopa primitiva", on algunes molècules orgàniques, més o menys simples, havien trobat les condicions per reaccionar i formar-ne d'altres de més complexes. La versemblança de la proposta es va confirmar quan un jove anomenat Stanley Miller va arribar als anys cinquanta al laboratori del Premi Nobel de Química Harold Urey i li va dir que volia fer la tesi doctoral sobre la viabilitat de la síntesi orgànica en un model de sopa primitiva.

Sota la direcció d'Urey, Miller va preparar un recipient esterilitzat i completament aïllat on va recrear el que suposava eren les condicions de l'atmosfera terrestre fa milers de milions d'anys. Hi va barrejar hidrogen, metà i aigua, i va sotmetre la mescla a descàrregues elèctriques, per simular els fenòmens que es podien haver produït al nostre planeta. Al cap d'uns quants dies, va analitzar la nova sopa i va descobrir que, de forma espontània, s'hi havien format aminoàcids i altres molècules orgàniques. L'experiment de Miller li va significar una entrada triomfal en el camp de la recerca sobre l'origen de la vida, disciplina a la qual va dedicar la resta de la carrera.

Miller va iniciar un camí que d'altres seguiren. Així, el català Joan Oró va demostrar l'any 1960 que en aquelles condicions es generaven també algunes de les bases que formen els àcids nucleics. Però també apareixien crítiques, ja que no podem estar segurs que l'atmosfera primitiva fos com la que Miller va voler imitar. Posteriorment, es feren altres experiments. L'any 1968, Edward Anders va partir d'una mescla a parts iguals d'hidrogen i monòxid de carboni (CO) i, amb la presència de diversos catalitzadors, a pressions i temperatures relativament elevades, va demostrar que es podien formar molècules orgàniques presents als meteorits. En afegirhi amoníac, es van sintetitzar bases presents en els àcids nucleics. Posteriorment, es feren proves amb barreges menys riques en CO i en altres condicions de pressió i temperatura.

També hi ha qui creu haver trobat en el medi natural sopes primitives ja preparades. És el cas del bioquímic David Deamer, de la Universitat de Califòrnia. Fa recerca a Bumpass Hell –"l'infern de Bumpass"–, una vall situada al Parc Volcànic Nacional de Lassen, al nord de Califòrnia. És un lloc poc atractiu, ple d'un fang bombollejant. L'aigua de la pluja o de rierols propers es filtra en el subsòl, arriba a uns quatre quilòmetres de profunditat i allà es barreja amb lava i torna a sortir en forma de vapor, arrossegant matèria orgànica i compostos de sofre. Deamer creu que, en aquest lloc, es pot comprovar si en aquesta sopa química es generen biomolècules. No és clar tampoc que a Bumpass Hell es reprodueixin les condicions de la Terra primitiva. Però es tracta d'una forma més d'investigar l'origen de la vida.

3/ Stanley Miller va demostrar, amb el seu experiment, que els aminoàcids i altres molècules orgàniques podien haver sorgit de forma espontània a la Terra primitiva.

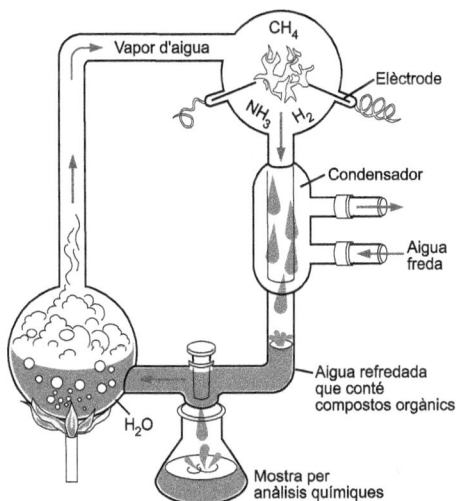

Vapor d'aigua
CH₄
NH₃ H₂
Elèctrode
Condensador
Aigua freda
H₂O
Aigua refredada que conté compostos orgànics
Mostra per anàlisis químiques

Amb la síntesi de biomolècules, tampoc no n'hi ha prou per explicar aquest procés. Després cal veure com es formaren molècules autoreplicants, com l'ADN i l'ARN. S'ha establert de forma molt consistent que, en unes primeres etapes, l'ARN va tenir un paper important com a molècula capaç d'autoreplicar-se i com a catalitzador. Els químics ajuden a establir possibles reaccions i cadenes de reaccions que expliquin l'aparició de l'ARN i el seu paper en l'origen de la vida. No podem afirmar que coneixem el procés, però sí que podem dir que progressivament apareixen demostracions que ajuden a eliminar o superar algunes objeccions a aquest procés. I aquests treballs també obren nous camins de recerca. La química prebiòtica intenta establir un esquema consistent que expliqui les primeres etapes de la vida a la Terra.

Mentre ho aconsegueix, la química "postbiòtica" ajuda a detallar el camí que la vida va seguir després. Els primers organismes varen sorgir fa uns 3.600 milions d'anys. Però els primers animals no ho feren fins fa uns 600 milions d'anys. S'han descobert restes que probablement corresponen a fòssils amb aquesta antiguitat. Però calen altres dades que permetin corroborar si realment ja hi havia animals. Per sort, s'han observat les petjades químiques que deixaren els organismes. En sediments de 635 milions d'anys d'antiguitat descoberts a Oman, al sud-oest d'Àsia, s'hi ha trobat un esteroide anomenat 24-isopropilcolestane o 24-ipc. L'única font coneguda d'aquest compost són les esponges de la classe *Demospongiae*, que en tenen a les seves membranes. Esponges com aquestes o de semblants devien viure en aquella època i deixar aquest rastre químic. D'aquesta forma, s'ha constatat que a la Terra ja hi havia animals fa, com a mínim, 635 milions d'anys. Havien passat uns quants milers de milions d'anys des que a l'univers primitiu s'havia format el primer element químic, i s'iniciava així el camí que va permetre arribar a aquests primers animals i que després donaria pas a tota la biodiversitat posterior.

2

HISTÒRIES DE GUERRA A LA NATURA

*"Una infusió de marialluïsa o de poniol és tanta química
com ho és l'àcid acetilsalicílic, ni que el nom tècnic de l'aspirina
sigui més antipàtic que el de la menta."*

Salvador Cardús

Molt abans que apareguessin els animals, varen fer acte de presència a la Terra les plantes. Durant molt de temps, devien tenir una vida relativament tranquil·la, però quan arribaren els animals varen trobar-se amb una lluita en inferioritat de condicions. Les plantes són sèssils, és a dir, estan fixades en un substrat. No poden fugir d'un predador. A la planta, li convé que alguns insectes, per exemple, se sentin atrets pel nèctar de les flors i el vagin a buscar, perquè d'aquesta manera també escamparan el pol·len que permetrà la reproducció del vegetal. Fins i tot li va bé que alguns animals es mengin els fruits, perquè també escamparan els pinyols i les llavors. Aquestes són, junt amb el vent, l'única forma que tenen d'estendre's i afermar-se al territori o conquistar-ne de nous. Però que un predador acabi amb l'espècie o que un insecte els provoqui una malaltia no els convé gens.

L'estratègia que han desenvolupat ha consistit a produir diverses substàncies per evitar que els animals se les mengin. Com que això es pot fer de diverses maneres, les plantes tenen un arsenal químic important. A més, com que molts animals, sobretot insectes, han evolucionat per superar aquestes armes químiques, les plantes també han hagut d'innovar. Aquest és el procés de selecció natural: no hi ha res que dirigeixi l'evolució, però quan un organisme experimenta canvis que el fan més resistent, pot deixar més descendència i acaba predominant, mentre que la resta de companys desapareix. Tot això ha fet que el món vegetal sigui una fàbrica riquíssima de productes químics.

Tot i les diferències entre el sistema immunitari dels animals i el sistema de defensa de les plantes, també hi ha algunes semblances. Així, de la mateixa manera que als animals hi ha antígens que llancen l'alarma perquè actuïn els anticossos i facin front a l'invasor estrany, a les plantes hi ha uns inductors que delaten la presència d'organismes no desitjables. Els inductors donen la veu d'alarma i després es produeix la síntesi dels productes que podran respondre a la invasió.

Les plantes no es limiten a defensar-se, sinó que també avisen les seves companyes. Sense possibilitat d'emetre sons, es comuniquen amb compostos volàtils, que viatgen per l'aire i van a parar a d'altres individus, que també preparen les seves defenses. Entre els missatgers coneguts, hi ha l'etilè –un hidrocarbur força senzill, de fórmula $CH_2=CH_2$–, l'àcid jasmònic i l'àcid salicílic. Aquest últim és un precursor de l'àcid acetilsalicílic, més conegut pel seu nom comercial d'aspirina. Fa temps que se sap que les plantes el sintetitzen. Però l'any 2008, un equip del Centre Nacional per a la Recerca Atmosfèrica (NCAR) dels Estats Units va observar que alguns arbres, com la noguera, emeten l'èter metílic de l'àcid salicílic no tan sols per alertar sobre l'atac d'una plaga, sinó també en situacions d'estrès hídric, és a dir, de manca important d'aigua. Els científics varen veure que, en boscos de nogueres, els nivells d'aquesta substància creixien de forma important quan els arbres havien patit sequera i després notaven l'increment de la temperatura diürna. El descobriment pot tenir aplicacions pràctiques perquè, en comptes de realitzar inspeccions visuals per esbrinar si hi ha arbres que pateixen estrès hídric, es poden posar detectors per comprovar si els nivells de l'èter metílic de l'àcid salicílic augmenten. El sistema seria més segur i ràpid.

Quant a les substàncies defensives, les estratègies de les plantes poden ser molt diverses: enverinar el predador, dificultar-li la digestió de l'aliment, pertorbar-ne el cicle reproductiu... Les estratègies també estan adaptades al medi on viuen les plantes. Així, entre diverses espècies de trèvol blanc i de corona de rei, n'hi ha que poden produir unes substàncies anomenades *glicòsids cianogènics*, formats per sucres units a cianur. Però no tots els individus tenen uns enzims que permetin alliberar els glicòsids i el cianur quan pateixen algun atac. Així, poden fabricar les defenses, però no poden utilitzar-les. A què pot ser degut, això?

La distribució dels exemplars que poden o no poden fer-ho dóna pistes sobre les causes. A les zones temperades, hi trobem una majoria d'individus que poden alliberar el cianur, mentre que a les zones fredes només una petita part pot fer-ho. La raó és que els llimacs i els cargols s'alimenten amb el trèvol blanc i amb la corona de rei, i tendeixen a menjar els exemplars que no poden alliberar cianur. Aquests, doncs, estarien en desavantatge.

Com que a les zones amb temperatures més elevades aquests gasteròpodes actuen també a l'hivern, la majoria dels trèvols i de les corones de rei han desenvolupat l'estratègia del cianur, mentre que a les zones molt fredes el clima ja actua frenant l'activitat dels predadors i no és tan necessari el sistema de defensa.

Algunes plantes aprofiten les defenses químiques dels propis animals. Així, el pugó *Myzus persicae* deixa anar una feromona –tipus de substàncies que veurem, amb més detall, al capítol següent– quan és atacat i així alerta els seus companys d'espècie. Aquest pugó també ataca la patata. Una espècie d'aquest tubèrcul, *Solanum berthaulthii*, segrega (E)-beta-farnesè, un dels components de la feromona d'alarma del pugó. Així, manté a distància l'insecte, que es pensa que ha estat un company d'espècie qui li ha llançat l'alerta.

Però, a la inversa, també hi ha insectes que han après a aprofitar la feina que fan algunes plantes. Així, el saltamartí *Poekilocerus bufonius* menja asclepiadàcies, plantes que fabriquen compostos tòxics. Al saltamartí no li fan res, però quan és atacat per un predador deixa anar la substància per eliminar-lo o fer-lo fugir. El saltamartí no sintetitza el verí, sinó que aprofita el que ha fabricat la planta que ingereix. El mateix ha après a fer la papallona monarca. Si s'ha alimentat d'asclepiadàcies, una espècie de còrvid, *Cyanocitta cristata*, evita menjar-se-la, ja que aquestes plantes són verinoses per a aquest.

Aquesta utilització d'una defensa sintetitzada per una altra espècie arriba a una curiosa complexitat amb un escarabat que és una plaga important per als pins: el *Dendroctonus frontalis*. Aquest coleòpter depèn d'un fong –*Entomocorticum sp.*- que viu en el pi i que serveix perquè l'insecte alimenti les seves larves. L'escarabat transporta l'*Entomocorticum* i l'inocula a les galeries que ha excavat per pondre els ous i perquè s'hi desenvolupin les larves. Hi ha un altre fong, *Ophiostoma minus*, que ajuda l'escarabat a superar les defenses del pi, però que té un defecte: inhibeix el creixement de l'altre fong, de l'*Entomocorticum*. A l'escarabat, li interessarien tots dos fongs i no vol que un elimini l'altre però, si ha de triar, li fa més servei l'*Entomocorticum*.

L'any 2008, Cameron R. Currie, de la Universitat de Wisconsin-Madison (Estats Units), junt amb altres investigadors, va descobrir que per evitar que un dels fongs eliminés l'altre, i així perjudiqués el creixement de les seves larves, l'escarabat utilitzava un bacteri *Actinomyices*, que segrega un antibiòtic que elimina l'*Ophiostoma*. És a dir, que al mateix temps que aprofita un fong per nodrir la descendència, recorre a un antibiòtic fabricat per un bacteri per tal d'eliminar un altre fong que el podria perjudicar. El descobriment té importància, per diverses raons. En primer lloc, mostra una estratègia ben curiosa de l'escarabat, que com qui va a la farmàcia s'aprofita del bacteri que sintetitza la medecina que necessita. En segon lloc, el *Dendroctonus frontalis* és una plaga important i molt estesa entre els pins. Es podria controlar sabent que la manca d'algun d'aquests fongs pot evitar que es reprodueixi. Finalment, l'estudi d'insectes amb aquestes estratègies pot portar a descobrir nous antibiòtics o altres tipus de fàrmacs. Hi ha més de 300.000 espècies conegudes d'escarabats —aproximadament, la tercera part dels insectes catalogats- i, molt probablement, n'hi ha uns quants amb estratègies de defensa que ens poden obrir camins cap a noves medecines.

LA FARMACIOLA NATURAL

De fet, la majoria dels fàrmacs tenen l'origen en el món vegetal. Però el regne animal també pot ser una font important de noves medecines. Hem parlat de les defenses de les plantes i d'alguns insectes, però hi ha una gran diversitat d'organismes que plantegen les estratègies de supervivència amb substàncies químiques diverses. La natura és l'escenari d'una complexa guerra química, on tots intenten sobreviure, i per això han de defensar-se i, moltes vegades, han d'atacar. La defensa és més important com més vulnerables són els organismes. Els nudibranquis són uns mol·luscs que, com el seu nom indica, tenen les brànquies despullades. No tenen closca i intenten espantar els possibles predadors amb els seus vistosos colors, que alerten sobre la seva toxicitat. La majoria obtenen compostos tòxics a partir del que mengen —com ara esponges–, però alguns també fabriquen i deixen anar determinades substàncies, com ara àcid sulfúric.

Els verins o substàncies irritants de diverses espècies poden tenir molta importància en medicina. Un compost anomenat 10,11-neopeltolida, produït per una esponja, ha demostrat tenir activitat anticancerígena. L'any 2009 es va descobrir que el dragó de Komodo, el llangardaix més gran que existeix i que amida fins a tres metres de llarg, ataca les seves víctimes mossegant-les amb les seves mandíbules potents i apartant-se'n. Les torna a mossegar i se'n torna a apartar. Finalment, la presa mor. Bryan Fry, de la Universitat de Melbourne (Austràlia), va dirigir un equip internacional que ha descobert l'arma del dragó: un verí que és un vertader còctel de diverses toxines que inhibeixen la coagulació de la sang i dilaten les artèries. Evidentment, les víctimes del dragó moren dessagnades en poca estona, però els investigadors creuen que aquest verí o algun dels seus components podria ser útil per respondre davant d'un infart, provocat per un coàgul que impedeix la lliure circulació de la sang.

L'esponja i el dragó de Komodo en són només dos exemples. Cada vegada s'identifiquen més substàncies que els animals utilitzen per defensar-se o atacar, o simplement en funcions metabòliques, i que podrien ser útils en medicina. L'escualamina que els taurons tenen al fetge té propietats antifúngiques i antibiòtiques; una granota de l'Equador produeix un verí amb propietats analgèsiques; l'àcid ursodeoxicòlic que segrega la vesícula biliar d'algunes espècies d'óssos es pot utilitzar per dissoldre càlculs biliars i per tractar algunes malalties hepàtiques.

La llista seria llarga i, si bé en la majoria de casos ens podem trobar sorpreses sobre les propietats i les possibles aplicacions d'algunes substàncies, en altres la recerca pot anar més dirigida. Així, els ratpenats que s'alimenten de sang –que són una minoria– tenen a la saliva una substància anticoagulant. Si bé ells la utilitzen per mantenir el sagnat de la víctima, en medicina es podria estudiar per obtenir-ne un nou anticoagulant –és un cas semblant al del dragó de Komodo.

Això presenta diversos problemes. Un és que el camí des de la detecció d'una substància fins al desenvolupament i l'aplicació d'un fàrmac és llarg, complicat i costós. Cal fer moltes proves sobre la seva eficiència i seguretat, i establir-ne molt bé les dosis adients. Un altre problema és que estem perdent biodiversitat a un ritme alarmant i això, a part de tenir implicacions ètiques –no deixa de ser un patrimoni natural que cal respectar– i ecològiques –els equilibris en els ecosistemes són molt més fràgils i tenen moltes més connexions del que es pensa de vegades–, també té el seu vessant de pèrdua pràctica per a l'espècie humana. La desaparició d'algunes espècies pot alterar la cadena que fa que abundin d'altres espècies necessàries per a l'home. O, com hem vist, pot ser que desapareguin espècies que ens proporcionarien nous fàrmacs –fins i tot moltes desapareixeran abans que les hàgem pogut estudiar.

Fins i tot en el cas que utilitzéssim l'organisme en qüestió, el rendiment seria massa baix. La discodermolida va ser aïllada l'any 1990 d'una esponja marina anomenada *Discodermia dissolute* i està essent investigada pel seu possible ús per tractar càncers de pit, d'ovari i de còlon. Però amb 50 tones d'esponges només s'obté 1 gram de la substància. És insuficient per investigar i no diguem ja per aplicar-la mèdicament. Aquí entren en joc els químics, que han determinat l'estructura de la substància i n'han aconseguit la síntesi. El primer pas, conèixer l'estructura, no és fàcil, però pot semblar relativament assequible. Però produir-la al laboratori és molt complicat, perquè es tracta d'una molècula complexa, en què la posició i l'orientació concreta dels àtoms determinen que tingui unes propietats determinades. El procés complet consta de 36 passos. El mateix s'ha pogut fer amb la substància antitumoral provinent d'una esponja i que hem esmentat abans. Es tracta de la 10,11-neopeltolida. A principi del 2007, la química marina Amy Wright va publicar un article en què explicava que tenia activitat antitumoral i en donava l'estructura molecular. El químic Karl Scheidt, de la Northwestern University de Chicago, va esmerçar sis mesos en la síntesi del compost. Però aleshores va comprovar que els espectres de la substància natural i de la sintetitzada no coincidien. Com que un compost només pot tenir un espectre, hi havia d'haver algun error. I aquest era que l'estructura descrita per Wright no era correcta.

Això va obligar a proposar una nova estructura i a sintetitzar una molècula lleugerament diferent, esmenant l'error que, segons creien, l'equip de Wright havia comès. La nova estructura va resultar correcta i les proves posteriors van demostrar que, efectivament, tenia activitat antitumoral. A més, varen iniciar proves amb molècules d'estructura lleugerament diferent per intentar trobar-ne d'altres que també fossin eficaces contra el càncer.

Obtenir aquestes estructures té un gran mèrit, i moltes vegades els químics s'hi dediquen perquè els permet provar noves vies de síntesi. L'obtenció dels productes obre el pas al seu ús en medicina, però també beneficia la química orgànica i obre nous camins en la síntesi de substàncies molt diverses, no necessàriament fàrmacs. Així s'estalvien passos i reactius.

Un exemple recent el tenim en la síntesi d'un compost de la família de les briostatines. Es tracta d'uns productes que també han mostrat activitat anticancerígena i que s'extreuen de la *Bugula neritina*. Aquest és un briozous —nom que en grec significa "animal molsa", ja que es tracta d'animals microscòpics que s'ajunten i formen grans colònies ramificades que fan la impressió de ser recobriments de molses.

La *Bugula neritina* produeix més d'una vintena de briostatines diferents, però amb una tona d'aquests animals només n'aconseguiríem 1 gram. L'intent de sintetitzar-les directament s'imposa. Sobretot perquè, a més de ser útils contra el càncer, també mostren potencial per millorar les capacitats cognitives i la memòria i podrien ser aplicades també en l'Alzheimer.

Una d'aquestes substàncies és l'anomenada briostatina 16. El problema és que la seva síntesi no era gaire senzilla i necessitava quaranta passos. Barry Trost i Guangbin Dong, de la Stanford University (Califòrnia), en van aconseguir, l'any 2008, una síntesi molt més curta, en vint-i-sis passos. Es tracta d'una altra gran fita en química orgànica, perquè la briostatina 16 està formada per diversos anells d'àtoms de carboni, en els quals hi ha enllaçats diversos grups químics. La complexitat augmenta si tenim en compte que cada un d'aquests grups ha d'estar situat amb una orientació concreta. És a dir, no es tracta només d'enganxar peces de Lego per obtenir una figura, sinó que hem d'anar amb cura perquè una peça no estigui orientada en una forma oposada a la real. La molècula seria diferent i les seves propietats podrien ser unes altres.

ALIMENTS QUE CUREN

Els coneixements tradicionals atribueixen a alguns aliments propietats curatives o preventives. Però, per tal d'extreure la màxima utilitat a aquests coneixements i a aquests aliments, necessitem saber què fa que tinguin aquestes propietats. És a dir, de les nombroses substàncies que hi ha en un determinat aliment, cal saber quin n'és el principi actiu, quina substància fa que tingui aquestes propietats. Això donarà peu a estudiar-ne el mecanisme d'acció, a establir-ne les dosis adients, a sintetitzar el producte, a modificar-lo perquè tingui altres propietats...

Prenguem un dels aliments valorats des de molt antic per les seves propietats saludables: l'all. Ja els egipcis el consideraven útil contra diverses malalties fa més de tres mil anys. I, des d'aleshores, no ha deixat de ser anomenat en dietes beneficioses per a la salut. De l'all es diu que té propietats antibactericides i antifúngiques, però també que és beneficiós per a la circulació. Menjar all, doncs, pot ser molt positiu per a la salut, com també resulta negatiu perquè la seva olor impregna després tant l'alè com la suor i l'orina.

L'all ha donat lloc a una família d'hidrocarburs. L'any 1844, el químic alemany Theodor Wertheim va bullir uns alls i en va estudiar el vapor, que contenia uns hidrocarburs que anomenà al·lils —derivat del nom científic de la planta, *Allium sativum*. Ara anomenem *al·lil* el grup $CH_2=CH-CH_2-$.

Un altre compost important va ser descobert pel nord-americà Chester J. Cavallito el 1944 —curiosament, cent anys justos després que Wertheim. El va anomenar *al·licina* i es tracta d'un al·lil, de nom químic força llarg: 2-propentiosulfinat d'al·lil. Es tracta de la substància responsable de l'olor de l'all. Es desprèn quan el tallem, perquè es produeix quan un enzim actua sobre una molècula precursora de l'al·licina. La precursora és inodora i, quan tallem l'all, facilitem que l'enzim actuï sobre ella i es produeixi al·licina. El mateix passa amb la ceba —*Allium cepa*. L'any 1961, el finlandès Artturi Virtanen va comprovar que conté una substància molt semblant al precursor de l'al·licina. Són isòmers –tenen la mateixa fórmula molecular, però la disposició dels àtoms és diferent i per això tenen una altra estructura. Se la va anomenar abreujadament PL –precursor lacrimògen– de la ceba i, tal com passa amb l'all, quan la tallem facilitem que un enzim actuï i la transformi en la substància que ens fa plorar.

L'all té diversos compostos que contenen sofre i han de ser aquests els que li donin moltes de les seves propietats mèdiques. Un estudi fet l'any 2007 assenyalava que, afegint suc d'all als glòbuls vermells humans, s'emetia sulfur d'hidrogen –de fórmula H_2S–, també anomenat àcid sulfhídric i que té una olor característica d'ous podrits. Es tracta d'un gas que té poder antioxidant i que explicaria per què l'all protegeix el cor.

Del sulfur d'hidrogen i les seves propietats, en parlarem en un altre capítol, però el que aquí hem volgut ressaltar és la utilitat de conèixer quins compostos fan que un determinat aliment tingui efectes positius en la salut. D'aquesta forma, es pot afinar la quantitat recomanable d'aquest aliment. Vegem-ne un altre exemple: verdures i fruits de color vermell, porpra o blau, com ara el tomàquet, el bròquil, les baies o els aranyons. Aquests tres darrers contenen antocianines, que els confereixen qualitats anticancerígenes. El tomàquet, per la seva banda, té licopè, que té propietats antitumorals i, segons estudis recents, sembla efectiu en alguns casos d'infertilitat masculina.

Conèixer aquests principis actius que els donen les seves propietats és molt important. No es tracta de recomanar-ne a la gent que prengui cada dia quilos de bròquil o d'aranyons, sinó de determinar-ne les quantitats adequades. Les antocianines, per exemple, no s'absorbeixen fàcilment. Pot ser més efectiu menjar una determinada quantitat d'aliments que, per la seva composició, faciliten aquesta absorció. I, en tot cas, és positiu saber per què tenen activitat antitumoral.

Un estudi publicat l'any 2008 mostrava el mecanisme d'acció de compostos continguts en la col, el bròquil i la coliflor. La clau està en els anomenats *isotiocianats*, que inhibeixen el creixement de les cèl·lules tumorals i provoquen la mort d'aquestes cèl·lules. Actuen sobre unes proteïnes anomenades tubulines, que formen una xarxa de petits tubs anomenats microtúbuls. La tubulina participa en la multiplicació cel·lular i, en el cas de les cèl·lules tumorals, els isotiocianats s'hi uneixen i n'impedeixen l'actuació usual. Aquest mecanisme és similar al de dues substàncies ja utilitzades per tractar el càncer: el taxol i la vincristina. Això permet suposar que poden ser utilitzats conjuntament amb aquests fàrmacs i produir, així, uns efectes encara més potents.

Val la pena aturar-se en un d'aquests dos fàrmacs: el taxol. La seva història va començar a principi dels anys seixanta, quan un investigador de l'Institut Nacional del Càncer dels Estats Units, Jonathan Hartwell, va organitzar recol·leccions de plantes per esbrinar quines podien ser útils en el tractament dels tumors. En una col·laboració multidisciplinària, els botànics recollien les plantes, els químics n'extreien els principis actius i els metges comprovaven si afectaven els tumors.

Una d'aquestes plantes era el teix del Pacífic, de nom científic *Taxus brevifolia*. Les proves en animals varen confirmar que l'extracte de la seva escorça podria ser útil contra el càncer. Finalment, es va poder identificar la substància concreta que tenia activitat antitumoral. La varen anomenar *taxol*, a partir del nom científic de l'arbre. Posteriorment, l'anàlisi química en va permetre determinar l'estructura química, cosa que es va assolir l'any 1971 –quan existien unes eines que feien la tasca molt més difícil que ara.

El problema era que s'obtenia molt poca quantitat de taxol a partir del teix del Pacífic. En canvi, el fàrmac semblava molt prometedor. Diverses proves en confirmaven el potencial anticancerigen. I l'any 1977 se'n va esbrinar el mecanisme d'acció. El taxol interferia en la divisió cel·lular unint-se a unes proteïnes anomenades tubulines, un mecanisme que diferia del d'altres fàrmacs coneguts i que és com el que, tal com acabem d'explicar, s'ha descobert més tard per als isotiocianats. Les proves en animals mostraren que el taxol era útil contra càncers com el de mama. Els assaigs en humans varen començar poc després i els resultats foren molt bons, fins i tot en persones que no havien respost a d'altres tractaments.

4/ Gràcies a la síntesi química del taxol, es poden aconseguir grans quantitats d'aquest fàrmac sense posar en perill la supervivència del teix del Pacífic.

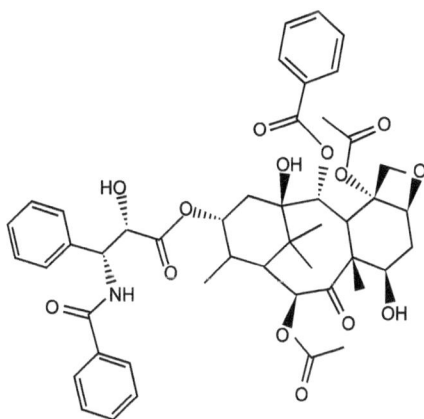

El taxol no tenia patent i els organismes estatals, després d'una crida general a les empreses, varen arribar a un acord amb la farmacèutica Bristol Myers: els facilitaven les dades obtingudes fins aleshores i ells intentaven obtenir taxol de forma que la seva aplicació mèdica fos factible. L'escorça d'un teix del Pacífic només proporcionava taxol per a una dosi. A més, es tractava d'un arbre protegit.

Els químics de Bristol Myers en varen trobar un mètode alternatiu. El teix comú, *Taxus baccata*, resultava molt abundant i se'n podia extreure un compost que no era idèntic al taxol, però sí molt proper: la 10-deacetil bacatina III. Per un procés químic, aquesta substància podia ser transformada en taxol. Així, a partir de les fulles d'un altre teix, s'obtenia prou quantitat de matèria primera per sintetitzar el fàrmac. Ara s'utilitza en càncers de mama, de pulmó, de cervell i d'úter, i en el sarcoma de Kaposi, un càncer del sistema limfàtic molt usual en persones amb les defenses molt baixes –com ara malalts de sida. La cessió dels drets a Bristol Myers va crear polèmica, perquè un cop es va establir la forma de sintetitzar la molècula el nom de Taxol va passar a ser la marca registrada propietat de l'empresa, mentre que el nom genèric de la substància passava a ser paclitaxel. Les vendes anuals superaven els mil milions de dòlars, si bé ara ja hi ha possibilitats d'adquirir-ne genèrics en el mercat.

Des del punt de vista purament químic, el cas del taxol és un exemple de semisíntesi: s'aprofita una altra molècula natural complexa per introduir-hi algunes modificacions i obtenir-ne el taxol. Però sobretot és un bon exemple de com s'ha d'anar amb compte a l'hora de parlar de productes naturals i dels que "tenen química". Sense la química, no s'haurien identificat l'estructura del taxol ni el seu mecanisme d'acció. Sense la química, s'hauria obtingut tan poc taxol de forma natural que el tractament no hauria estat viable. I, si s'hagués utilitzat, aviat ens hauríem quedat sense teixos del Pacífic. La síntesi a partir d'un altre producte ha permès moltíssims tractaments a pacients de càncer. L'estructura del taxol extret del teix del Pacífic i la del sintetitzat al laboratori són, òbviament, la mateixa. Per tant, ningú no pot dir que el tractament es pot fer sense química si s'obté directament de l'arbre. Sense química, no hi ha taxol, ni natural ni sintètic.

El fàrmac es va obtenir posteriorment de forma més senzilla utilitzant la biotecnologia. Es prepara un cultiu cel·lular on s'introdueix un fong present de forma habitual en el teix comú. Tan habitual que fins i tot aquest fong porta el gen que permet sintetitzar el taxol. Així, s'evita tota la ruta sintètica necessària si s'apliquen només processos químics.

La biotecnologia també s'aplica en altres fàrmacs anticancerosos, com la vinblastina. Aquesta s'extreu d'una planta anomenada pervinca de Madagascar, vinca rosa o vicària, de nom científic *Catharanthus rosea* –d'on també s'extreu la vincristina. Aquest vegetal sintetitza la substància a través d'una complexa sèrie de reaccions. A dos investigadors anomenats Sarah O'Connor i Weerawat Runguphan, del Massachusetts Institute of Technology, se'ls va acudir que la modificació genètica podia servir per obtenir altres substàncies semblants, susceptibles també de ser útils contra els tumors. Varen modificar el gen que dirigia la síntesi d'un enzim implicat en un dels primers passos del procés de fabricació de vinblastina, perquè actués sobre altres productes de partida. El varen reinserir a la planta i el resultat va ser la producció de diverses substàncies que ara cal avaluar per si tenen activitat antitumoral.

Un últim exemple prové de l'àmbit alimentari. Es tracta de la curcumina, la substància present en la cúrcuma, una espècie picant que prové de la planta del mateix nom. És usual en països asiàtics càlids i és un dels components de la salsa curri. El saber tradicional afirma que la cúrcuma té propietats mèdiques i recerques recents assenyalen que pot ser útil contra el càncer. Però la curcumina no és absorbida pel cos humà i és eliminada.

L'estudi del seu mecanisme d'acció assenyala que interaccciona amb diverses proteïnes per generar activitat antitumoral. Combinant química orgànica, disseny de molècules assistit per ordinador i biologia molecular, investigadors liderats pel nord-americà James Fuchs han sintetitzat diverses substàncies semblants a la curcumina, però amb petites modificacions. L'objectiu és que aquests petits canvis provoquin una acció més específica sobre determinades proteïnes. Així se n'augmentaria l'efectivitat, però també es reduiria l'acció sobre les cèl·lules sanes.

En aquest cas, no tan sols es parteix d'un producte natural conegut, sinó que s'utilitza l'ordinador per dissenyar molècules emparentades. El coneixement actual dels mecanismes d'acció permet fer proves sense haver de sintetitzar cada molècula al laboratori i estudiar com reacciona. La simulació per ordinador ens permet formar molècules virtuals i esbrinar quina seria la més efectiva. Després, cal seleccionar-ne alguna o algunes, realitzar-ne la síntesi real i dur endavant els assaigs corresponents. Però l'ordinador ens haurà estalviat una gran part de feina i de mitjans.

ELS MECANISMES DEL CÀNCER

Com veiem, la síntesi de nous fàrmacs s'adreça cada vegada més a obtenir-ne uns efectes concrets. Per això, han estat vitals els avenços en els mecanismes moleculars implicats en la formació i el creixement de les cèl·lules tumorals i en la seva disseminació per l'organisme. Això darrer és el que s'anomena *metàstasi* i provoca el 90% de les morts per tumors.

Així, nou de cada deu vegades el problema no és tant el tumor que apareix en un òrgan, sinó que aquestes cèl·lules poden migrar a d'altres parts del cos —en un procés que pot produir-se gairebé de seguida o al cap d'uns anys— i atacar altres parts vitals.

Un dels últims descobriments que podrien evitar la metàstasi és el d'una proteïna anomenada *prosaposina*. Va ser descoberta l'any 1989, però fins al 2009 no s'ha observat el seu paper en el càncer. Una recerca d'un equip de científics dels Estats Units i de Noruega, dirigits per Randolph S. Watnick, de l'Hospital de Nens de Boston (Massachusetts), ha permès descobrir que alguns tumors que no produeixen metàstasi tenen grans quantitats d'aquesta proteïna, mentre que els tumors que s'escampen en tenen molta menys. La prosaposina estimula una llarga cadena de reaccions que acaben produint una substància inhibidora de l'angiogènesi —formació de nous vasos sanguinis per alimentar el tumor. Si les cèl·lules tumorals no poden formar nous vasos sanguinis, no poden sobreviure, perquè no els arriba prou sang ni prou nutrients. La prosaposina no tan sols estimula la producció de l'inhibidor a les cèl·lules properes, sinó també a les de la resta del cos. És com si, a part d'atacar el tumor en un lloc, enviés un missatge d'alerta perquè en altres parts de l'organisme es preparessin per si hi arriben cèl·lules tumorals. Així es pot evitar la metàstasi. La recerca està en fase inicial, però potser d'aquí a poc temps donarà lloc a una nova línia d'acció contra el càncer.

Cada vegada hi ha més estudis d'aquest tipus, malgrat la seva complexitat. Un dels mecanismes en els quals s'han aportat darrerament nous coneixements és el de la proteïna anomenada *ubiqüitina*. El seu nom ja indica que es ubiqua, que es troba a molts llocs. Actua com una etiqueta que marca proteïnes de la cèl·lula que han de ser eliminades. Les nostres cèl·lules fabriquen constantment moltes proteïnes, però també se n'han de destruir perquè, si no, acabarien essent uns petits sacs plens de deixalles biològiques inservibles. La ubiqüitina és l'encarregada de donar la sentència de mort a les proteïnes inservibles. També intervé en altres processos, com la divisió cel·lular.

Ara se sap que actua a través d'un sistema anomenat ubiqüitina-proteosoma (SUP). Tenen tasques repartides: la primera assenyala i la segona elimina. Per això darrer, cal la feina de diversos enzims. Només en els humans n'hi ha més de 600. Això dóna idea de la dificultat d'anar detallant aquests processos.

El cas és que l'esforç dels investigadors ha permès esbrinar-ho amb força detall. I això ja ha donat fruits en forma de fàrmacs. Un dels darrers passos endavant es va fer l'abril de 2009, quan es va publicar el descobriment d'un compost que inhibeix l'actuació d'un enzim que interfereix en el SUP. El resultat observat és que això evita el creixement del teixit de tumor pulmonar humà que s'havia inserit en ratolins. Un cop descobert això, també s'ha esbrinat l'estructura de l'enzim i se n'ha vist el centre actiu. Així, s'ha conegut una nova diana on provar fàrmacs molt específics per lluitar contra el càncer.

Tot plegat mostra com detallar els processos químics a l'organisme porta a conèixer molt millor els mecanismes de les malalties i a establir nous objectius terapèutics, que es poden assolir amb productes naturals, modificats o no, sintetitzats al laboratori o extrets directament de plantes o animals. Algú continua pensant que el millor és una medicina sense química?

3

AMOR: EL CUPIDO MOLECULAR

"Era una dona que li agradava, i el seu epicureisme es complaïa en l'ordre dels àtoms que la formaven."
Anatole France: Els déus tenen set

"Entre ells dos no hi ha química ni tan sols en les seves converses sobre la matèria."
Ivan Turguènev: Pares i fills

Les plantes no tan sols lluiten per allunyar possibles predadors o animals que els poden portar malalties. També realitzen el procés contrari: atreuen individus que els poden ser útils. De fet, que els són imprescindibles. Les plantes no poden fugir, però tampoc no poden anar a buscar parella. Per això, se serveixen d'aromes que criden insectes o ocells i que, quan es posen damunt d'una flor, arrosseguen pol·len que portaran a una altra flor. Així es produirà la fecundació i la planta es podrà reproduir. De vegades, l'aroma és una simple trampa. En altres casos, l'aroma avisa que en aquella flor hi ha aliment. Insectes i ocells busquen nèctar. Així, tant la planta com l'animal en surten beneficiats. I si els animals no actuen, les plantes tenen una altra alternativa: el vent, que també arrossega el pol·len i els transporta fins a d'altres flors.

Però les plantes tenen el seu sistema fins i tot per acceptar o rebutjar una parella. Una vegada més, a falta de potes, s'han de basar en el llenguatge químic. Quan el pistil –la part femenina de la flor– rep el pol·len –la part masculina, que equivaldria a l'espermatozoide–, es produeix una mena de conversa amorosa. Potser l'atracció salta a primera vista i el pistil accepta el pol·len. O potser el rebutja: no és el pol·len que més li agrada o el que creu més convenient per a tenir descendència. Lògicament, no bescanvien paraules, sinó molècules.

Comprendre aquest llenguatge pot ser útil per controlar l'expansió de determinades espècies o per evitar, per exemple, que plantes transgèniques fertilitzin camps de conreu propers. Un estudi recent mostra que el pol·len deixa anar unes proteïnes com a targeta de presentació. Un investigador nord-americà, Bruce McClure, va observar fa uns quants anys que el pistil d'algunes espècies podia rebutjar el pol·len utilitzant una proteïna que actuava com a tòxica. Posteriorment, ha vist que determinades proteïnes del pistil, en canvi, s'uneixen a proteïnes del pol·len. En aquest cas, la flor femenina accepta la unió. No han intercanviat paraules ni han pogut fer moviments més o menys suggerents o, al contrari, dissuasoris. Però unes substàncies químiques han produït el mateix efecte.

Si abandonem el regne vegetal, trobarem individus capaços de realitzar el flirteig i acceptar o no l'aparellament d'una altra manera menys estàtica. Però això no elimina la presència de la química ni el llenguatge de les molècules. Segur que molta gent ha sentit a parlar de les feromones, unes substàncies que molts individus –o indivídues– utilitzen per atreure algú de la mateixa espècie amb qui aparellar-se. La paraula prové del grec i és un híbrid fet amb *pherein*, transferir, i *hormôn*, excitar. Una hormona és una substància que, en l'organisme, activa una funció. Les feromones serien, etimològicament, substàncies que transfereixen excitació. El terme va ser creat l'any 1959 pel bioquímic alemany Peter Karlson i l'entomòleg suís Martin Luscher. Les van definir com a substàncies secretades per un individu i rebudes per un segon individu de la mateixa espècie, en el qual produeixen una reacció específica, com ara provocar un comportament determinat. Poc després, un altre bioquímic alemany, Adolf Butenandt, publicava la primera identificació química d'una feromona: el bombicol, segregada per la femella del cuc de seda, *Bombyx mori*.

5/ L'any 1993, el setmanari nord-americà *Time* aprofitava la diada de sant Valentí per explicar que l'amor té una base química.

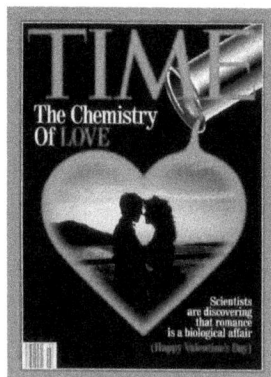

TIME
The Chemistry Of LOVE

Scientists are discovering that romance is a biological affair
(Happy Valentine's Day)

La idea de substàncies que promovien la comunicació entre espècies i, sovint, l'atracció sexual no era nova. Els antics grecs ja sabien que les secrecions d'una gossa en zel atreien els mascles. I Charles Darwin va afegir els senyals químics als visuals i auditius en el procés d'aparellament dels animals. Però les feromones són un grup amplíssim, antic i fortament estès. Se n'han identificat i estudiat en mamífers, en cefalòpodes, en insectes i, fins i tot, en organismes menys desenvolupats, com algues, llevats, ciliats i bacteris. N'hi ha milers. Algunes són molècules molt petites i d'altres són cadenes d'uns quants aminoàcids. Solen ser específiques, però s'han observat fets tan curiosos com que una feromona sexual de la femella de l'elefant asiàtic també és utilitzada per 140 espècies de papallones de la llum com a component de les seves pròpies feromones –ben segur que això no causa cap confusió, ni pot fer sorgir cap híbrid entre un elefant asiàtic i una papallona de la llum.

En els insectes, les feromones no tenen només la funció d'atreure un company sexual. Diversos experiments han mostrat que aquestes substàncies químiques també proporcionen informació diversa abans del possible aparellament. Així, el senyal químic pot assenyalar la qualitat reproductiva de les possibles parelles, si pateixen algun tipus de malaltia parasitària o si comparteixen un cert grau de parentiu o consanguinitat.

Investigadors de l'Institut Cavanilles de Biodiversitat i Biologia Evolutiva de la Universitat de València han estudiat la comunicació química a l'escarabat de la farina (*Tenebrio molitor*). Han observat que els mascles es basen en les feromones per triar preferentment femelles verges. També utilitzen substàncies segregades per altres mascles per conèixer la densitat de competidors masculins que tenen i elaborar així la seva estratègia o buscar altres escenaris. La troballa més sorprenent és que les feromones els permeten tenir una idea molt aproximada sobre el nom-

6/ Els nivells de testosterona, hormona sexual masculina, augmenten en les dones enamorades però es redueixen en els homes enamorats.

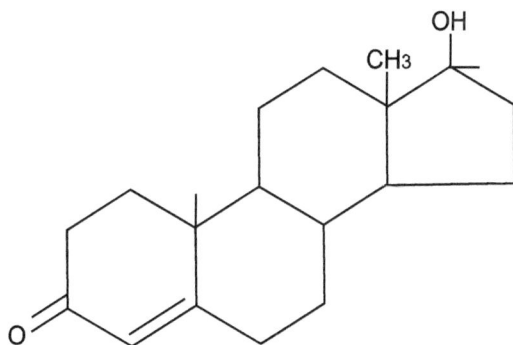

bre de femelles que hi ha al seu voltant i, si no és satisfactori, mantenir-se amb la seva parella. El fet curiós és que els escarabats poden distingir si hi ha 3 o 4 femelles per cada mascle, i aleshores poden arriscar-se a buscar una parella i així augmentar la capacitat reproductiva. En canvi, no mostren interès quan la proporció és de només dues femelles per cada mascle. És a dir, les feromones els donen una idea molt aproximada del nombre de femelles lliures i ells modifiquen el seu comportament sobre aquesta base.

Abans ens hem referit a una feromona de la femella de l'elefant asiàtic. No tothom està d'acord que els mamífers tenen feromones. Alguns investigadors creuen que aquests animals detecten olors que permeten identificacions i orienten l'estratègia, però que, estrictament, no es pot parlar de feromones. La raó és que les feromones no es detecten per l'olfacte, sinó per un altre sistema especialitzat anomenat òrgan vomeronasal (OVN), que els humans no posseeixen. Però s'ha observat en ratolins que els senyals del sistema olfactiu principal i de l'OVN estan integrats en el cervell. Per tant, als humans no els caldria l'OVN per captar les feromones.

El sentit humà de l'olfacte és molt complex i ric, tot i que de ben segur que la vida moderna ens ha fet perdre moltes capacitats. La determinació de les olors es basa en el fet que les substàncies volàtils que els provoquen són solubles en el mucus nasal. Aleshores poden arribar fins a les cèl·lules olfactives -neurones que arriben fins al mucus. A les cèl·lules olfactives, hi ha uns receptors, unes proteïnes on les molècules de les olors poden encaixar –o no.

Aquest procés es produeix, com molts altres, perquè l'estructura molecular de la substància que provoca l'olor i la del receptor que la capta poden encaixar, i a partir d'aquí es dispara un senyal que el cervell interpreta. El símil usual és el de la clau i el pany: la clau té una forma que li permet encaixar en el pany i obrir la porta. Qualsevol altra clau no pot encaixar o, si ho fa, no pot girar.

Però el món de les olors és molt més complex, perquè al cervell no li arriba un sol senyal, sinó molts, combinats. Quan sentim olor de rosa de Damasc, en realitat estem percebent tres molècules que hi contribueixen en proporcions diferents. La majoritària s'anomena ß-damascenona, amb un 70%, mentre la ß-ionona hi aporta un 19% i l'òxid de rosa, un 4%. En el cas de la rosa xinesa, la seva característica és que el component principal de la seva olor és el dimetoxituluè, que no és sintetitzat per les varietats europees. Altres olors poden ser molt més complexes i el que hi identifiquem, finalment, és la integració, en grau diferent, dels estímuls que han provocat molècules diferents.

Que l'encaix és extremament precís ho revela que l'olfacte humà distingeix clarament entre molècules molt semblants, com ara les anomenades S-limonè i R-limonè. Són imatges anomenades quirals –de *quiro*, "mà" en grec. Una molècula és com la imatge de l'altra en un mirall. S'anomenen *quirals* perquè són com les mans: una és imatge especular de l'altra i no poden sobreposar-se. En el cas de les molècules que hem esmentat, l'S-limonè produeix olor de llimona, mentre que l'*R*-limonè la produeix de taronja. S'han fet experiments produint modificacions químiques senzilles en algunes molècules odoroses. El resultat és que la nova substància, tot i tenir lleugeres diferències, ja no estimula determinats receptors.

Però tornem ara a les feromones. Amb aquestes explicacions volíem destacar la complexitat de l'olfacte humà i la gran capacitat de discriminar entre substàncies que produeixen olors. Però, quant a les feromones, no s'ha pogut determinar que realment els humans n'utilitzin. Recerques fetes per la psicòloga Martha McClintock, de la Universitat de Harvard, mostren la possibilitat que substàncies secretades amb la suor produeixin una sincronització del cicle menstrual en dones que viuen juntes. Es tracta d'un fet curiós que moltes dones han experimentat. L'any 1998, McClintock va observar que la suor produïda en diferents moments del cicle menstrual podia alterar aquest cicle en dones a qui es feia olorar aquestes secrecions. Però mentre no s'aïllin i identifiquin les substàncies que provoquen aquest efecte, els investigadors no poden establir que realment es produeix una acció química que comporta la sincronització.

En una altra recerca més recent, de 2005, Ivanka Savic, de l'Institut Karolinska d'Estocolm, va descobrir que l'androstadienona, un component de la suor masculina, activava l'hipotàlem –una regió del cervell implicada en el comportament sexual- en dones heterosexuals i en homes homosexuals, però no en homes heterosexuals o en dones homosexuals. Per tant, activava l'hipotàlem en persones atretes pels homes. L'estratetraenol provocava l'efecte contrari. Això podria assenyalar que la substància és una feromona utilitzada pels mascles per atreure parella. L'any 2007, investigadors nord-americans i israelians van constatar que l'androstadienona augmentava els nivells de l'hormona cortisol –o hidrocortisona– en la saliva de les dones. Aquesta hormona està implicada en respostes a l'estrès i podria ser que la seva secreció preparés per buscar l'aparellament. Però tot això, de moment, són conjectures i l'existència de feromones humanes no deixen de ser, ara com ara, una hipòtesi.

HI HA QUÍMICA ENTRE TU I JO?

"Estic intentant, estic intentant / fer-te saber que signifiques molt per a mi." És la traducció aproximada d'una frase de la cançó *Demolition lovers*, de la banda nord-americana My Chemical Romance.[1] El nom del grup és curiós i, pel que diuen, està inspirat en un llibre de narracions de l'escriptor escocès Irvine Welsh titulat *Extasis. Three Tales of Chemical Romance*, que vindria a ser "Èxtasi. Tres històries d'amor —o idil·li- químic".

Al capítol següent, parlarem del llibre de Welsh, perquè la química que l'inspira té molt més a veure amb substàncies excitants i al·lucinògenes que amb l'amor en si. Però quina banda aniria millor per començar l'apartat on parlem d'amor i química? A aquesta ciència, se li atribueixen tants desastres que s'ha de valorar aquesta associació amb l'amor i amb l'atracció personal. Hi ha referències en diverses cançons, com ara una del californià Michael Franks, titulada precisament *La química de l'amor*. "Sóc ingenu d'intentar trobar aquest èxtasi? Em deleixo per la química de l'amor".[2] I el grup suec Alcazar, en una cançó que es diu simplement *Química*, proposa: "Divertim-nos, oblidem la realitat, / perquè tu i jo fem química".[3]

Trobaríem molts altres exemples de relació entre química, música i amor —el químic Santiago Álvarez va escriure un llarg article sobre la relació entre els dos primers termes i hi incloïa, lògicament, lletres de cançons d'amor. I també hi ha referències literàries. La més destacada és la novel·la de Johann Wolfgang Goethe *Les afinitats electives*, que pren el nom de la teoria segons la qual dos elements formen un compost per l'afinitat que cada un té per l'altre. Goethe, literat i científic, utilitzava el terme per traspassar-lo a les relacions humanes i explicava com una parella es trencava quan apareixia una persona per qui un dels dos components sentia més afinitat.

És possible que expressions com ara "tenir química", referint-se a la bona sintonia entre dues persones —o entre una persona i un col·lectiu o entre dos grups- tingui a veure amb aquest concepte d'afinitat. Però, què hi ha de química en l'amor? No voldríem que se'ns interpretés com a exclusivament materialistes i que es pensés que insinuem una base purament química o molecular per a l'amor. No es poden deixar de banda el sentiment, l'emoció, la passió d'una relació de parella. Però, de la mateixa manera que conèixer l'explicació anterior sobre la forma com es detecten les olors no fa perdre la sensació agradable de sentir l'aroma d'una rosa, comprendre què passa al nostre cervell quan ens enamorem no treu cap encant a aquest sentiment.

La neurociència que s'amaga darrere de l'amor ha estat objecte de diversos estudis els darrers anys. Alguns tenien com a objecte veure quines parts del cervell s'activen durant el procés. L'antropòloga Helen Fisher va fer un estudi amb deu dones i set homes que declaraven haver estat intensament enamorats entre un i disset mesos.

Sotmetent-los a una ressonància magnètica mentre contemplaven una foto del seu objecte de desig, es va veure que s'activava una part del cervell anomenada *àrea ventral tegmental* –un nom, certament, ben poc romàntic–, on es fabrica una substància anomenada *dopamina*. Es tracta d'un dels anomenats neurotransmissors, substàncies sintetitzades per les neurones i que transmeten missatges entre aquestes cèl·lules nervioses. Intervenen en processos molt diversos i tenen relació, lògicament, amb les emocions i els sentiments. Una de les coses més interessants de l'estudi de Fisher és que les àrees activades –i la dopamina– estan relacionades no tan sols amb les emocions, com ara la por, sinó també amb les addiccions.

Aquestes troballes només indiquen que tot allò que experimentem al cervell es produeix per una sèrie de reaccions químiques, de la mateixa manera que tot procés fisiològic es pot explicar per l'acció de determinades substàncies. Com diu Fisher, "tot és química. Cada vegada que produïm un pensament, o tenim una motivació, o experimentem una emoció, sempre es tracta de química. Però es poden conèixer tots els ingredients d'un pastís de xocolata i encara ens agrada seure i menjar-nos-el".

Una altra investigadora que ha fet moltes recerques sobre aquest tema és Donatella Marazzati, psiquiatra de la Universitat de Pisa (Itàlia). Els anys noranta va començar a buscar explicacions bioquímiques per a l'anomenat *trastorn obsessiu compulsiu* (TOC). Consisteix a tenir idees o pensaments obsessius i en realitzar accions repetitives. Aquests comportaments poden ser molt diversos: hi ha persones que han de rentar-se contínuament les mans per por d'haver-se contaminat, d'altres han de comprovar centenars de vegades que han tancat les portes o la clau de pas del gas, alguns poden estar permanentment assegurant-se que certs objectes estan en un determinat lloc o posició... Sovint s'ha relacionat amb nivells baixos de serotonina, un neurotransmissor implicat en la depressió i amb l'ansietat.

Marazzati va fer una crida, a la seva facultat de medicina, per trobar estudiants que haguessin estat enamorats els darrers sis mesos i que estiguessin obsessionats pensant en el seu amor almenys quatre hores diàries, però que no haguessin tingut encara relacions. S'hi van presentar 17 dones i 3 homes, amb una mitjana d'edat de 24 anys, i els científics varen buscar 20 persones que patissin TOC i 20 més que no tinguessin TOC ni estiguessin obsessivament enamorats. Així, tenia tres grups diferents de persones. El seu equip va determinar els nivells de serotonina a la sang –a partir de les concentracions de determinades proteïnes relacionades amb aquest neurotransmissor.

Els resultats indicaven que tant els enamorats com els que patien TOC tenien uns nivells de serotonina un 40% més baixos que el grup de control. Un any més tard, els estudiants enamorats varen passar nous exàmens i es va constatar que els nivells de serotonina tornaven a ser normals, mentre una atracció més mesurada però menys obsessiva havia substituït la fase anterior d'enamorament. Aquest procés és el mateix que experimenten les persones amb TOC que prenen medecines per tractar-lo. És com si l'organisme dels enamorats passés per una fase aguda, que després retorna a uns nivells amb un sentiment menys apassionat i més controlable. La baixada de serotonina explicaria per què les primeres fases de l'enamorament poden ser, sovint, tant obsessives.

Marazzati ha continuat aquesta recerca tan romàntica i ha observat que els nivells de determinades hormones –estradiol i progesterona, entre d'altres– no queden afectats durant l'enamorament, mentre que d'altres –cortisol i testosterona–, sí. També ha vist diferents respostes entre sexes: la testosterona, hormona sexual masculina, augmenta en dones enamorades, mentre que es redueix en homes enamorats. També ha comprovat que la concentració del factor de creixement neuronal, una proteïna que indueix la supervivència i el desenvolupament d'un tipus de cèl·lules nervioses, augmenta en persones enamorades, i que l'augment és proporcional a la intensitat d'aquest enamorament. Però, al cap d'un any o dos, els nivells han tornat a la normalitat, fins i tot si la relació prosegueix.

L'HORMONA DE LA FIDELITAT

Una de les investigacions més recents de Marazzati mostra la relació directa entre una hormona anomenada *oxitocina*, implicada en el part i en la secreció de llet. Va utilitzar 45 voluntaris sans i els va passar un qüestionari que mesura la intensitat de l'atracció romàntica. Va observar que els més ansiosament enamorats tenien nivells més elevats d'oxitocina a la sang. Es tracta de proves amb grups petits, on pot produir-se un biaix important. Però la investigadora italiana es mostra inclinada a pensar que l'oxitocina és un mecanisme per contrarestar l'estrès i l'angoixa produïda en un enamorament apassionat.

De la relació entre l'oxitocina i l'enamorament o l'aparellament, sí que en sabem força coses, tant en animals com en humans. I algunes són ben curioses. L'oxitocina va ser descoberta l'any 1909 i el seu nom significa, en grec, "naixement ràpid", ja que causa contraccions que afavoreixen el part. Els anys setanta, es va constatar que l'oxitocina no tan sols era una hormona, sinó també un neurotransmissor relacionat amb el sistema límbic, el centre cerebral de les emocions. Està relacionada amb una altra hormona, la vasopressina, que indueix la retenció de líquid als ronyons i augmenta la tensió arterial. Tant l'oxitocina com la vasopressina s'anomenen *nonapèptids*, perquè són cadenes formades per nou aminoàcids.

Un estudi molt conegut sobre l'oxitocina i l'aparellament el va publicar la neurobiòloga nord-americana C. Sue Carter els anys noranta. Va observar dues espècies molt properes de talps: el de prat (*Microtus ochrogaster*) i el de muntanya (*Microtus montanus*). Tenen un comportament sexual ben diferent: els primers formen parelles estables i ajuden a criar la descendència, mentre que els mascles dels segons són promiscus i no tenen cura dels fills. Carter va veure que les femelles de la primera espècie tenien molts receptors d'oxitocina en els centres de plaer del cervell. En canvi, en els de muntanya, hi havia molts menys receptors, tant d'oxitocina com de vasopressina. La manipulació bioquímica podia alterar aquest comportament innat. Quan a les femelles del talp del prat se'ls bloquejaven els receptors d'oxitocina, abandonaven la inclinació a la fidelitat conjugal. I si als talps de muntanya, promiscus i pares poc responsables, se'ls administrava vasopressina, es tornaven més fidels i gelosos i tenien un gran zel per mimar la descendència.

Aquests efectes s'han vist en altres espècies. Rates i ratolins deixen d'alimentar les cries si es bloquegen els receptors d'oxitocina, mentre que milloren el comportament maternal si se'ls injecta aquesta hormona. Però també s'ha observat que el comportament altera el sistema: si la mare no té prou cura de la cria, els receptors d'aquesta s'atrofien. Per tant, una cria menys cuidada tindrà dèficit en oxitocina i podrà ser, també, d'adulta, una mare poc cuidadosa.

En humans, s'han observat alguns d'aquests processos. Hi ha un gen que controla la producció dels receptors de l'oxitocina i que es presenta en la forma normal o en una variant. Homes amb la variant genètica tenen el doble de probabilitats de quedar-se solters o d'experimentar una crisi matrimonial que els que tenen el gen normal. Això es va veure en un estudi fet a Suècia amb 552 parells de bessons i les seves parelles, publicat a final de 2008. Fins i tot la variant normal del gen ens fa més altruistes, com s'ha vist en altres experiències. I tampoc no cal refiar-se dels gens. S'ha observat que l'administració intranasal d'oxitocina predisposa les persones a invertir més diners en un determinat negoci.

Aquests experiments són molt més importants del que podria semblar a algú, perquè tenen relació amb determinats trastorns. S'ha vist que els nens i les nenes que reben poca atenció de petits presenten símptomes indistingibles de l'autisme. Nens que havien passat mesos o anys abandonats en orfenats romanesos, sense cap mena d'estímul, presentaven nivells molt baixos d'oxitocina quan es relacionaven amb les mares adoptives. Això demostra que l'abandonament durant els primers anys de desenvolupament pot provocar danys permanents en el cervell. El coneixement d'aquests mecanismes pot ajudar a detectar dèficits socials i prendre mesures per pal·liar-los.

Com veiem, la química –la neuroquímica, en aquest cas– explica alguns fenòmens i processos, i potser ajuda a trobar-hi solucions, però, sobretot, contribueix a diagnosticar alguns problemes i a comprendre'n l'abast. L'abandonament dels nens no s'arranja administrant-los oxitocina de forma permanent, sinó intentant evitar les situacions que provoquen aquesta manca de cura per part dels progenitors.

En el cas de les parelles, s'haurien d'incorporar les infusions d'oxitocina a les teràpies psicològiques quan hi ha problemes matrimonials?, es preguntaven, no sense ironia, dos investigadors. I afegien que les proves genètiques potser ajudarien a pronosticar si una parella tindrà llarga vida o patirà aviat crisis conjugals.

Però, més enllà d'aquestes bromes, no sembla que el tractament químic tingui efectes tan contundents com els que Shakespeare atribuïa a la *Viola tricolor* –el pensament silvestre– a l'obra *Somni d'una nit d'estiu*: "Farà que un home o una dona adorin bojament la pròxima criatura que vegin." Alguns comerciants molt eixerits ja han col·locat a Internet colònies que contenen oxitocina i feromones.

Però no hi ha pocions d'amor tan miraculoses i el que compta continuen essent altres coses. Als anys seixanta l'exèrcit nord-americà va investigar si l'administració d'adrenalina provocava símptomes de por –per intentar-ho amb l'enemic, és clar. Els objectes d'estudi només esdevenien temorosos si es trobaven en situació amenaçant. De la mateixa manera, un perfum per lligar ens hi pot ajudar, però, sortosament, els humans no som tan simples com els talps i cal molt més que un esprai amb oxitocina perquè algú caigui rendit als peus d'una altra persona.

VIAGRA? DIGUEM NO

No és un afrodisíac –substància que, teòricament, provoca o augmenta l'estímul sexual–, però el nom de *Viagra* s'ha associat a una millora en les relacions sexuals. I això és cert en alguns homes: els que pateixen problemes d'erecció. Que sigui una medecina amb unes indicacions concretes no ha evitat que molts homes l'hagin utilitzat per tenir ereccions més potents o més duradores o repetides. Tanmateix, com tots els fàrmacs, pot tenir els seus efectes secundaris i les seves contraindicacions.

La història de la Viagra comença al segle XIX i d'una manera que alguns trobaran ben allunyada del que volem explicar. L'any 1846, el químic suec Ascanio Sobrero va descobrir la nitroglicerina. Es tracta d'un explosiu molt potent, derivat d'una substància tan coneguda com la glicerina –o glicerol. Aquest és un alcohol que té com a fórmula $CH_2OH-CHOH-CH_2OH$. És a dir, una cadena de propà –un hidrocarbur amb tres àtoms de carboni– amb un grup hidroxil (OH) unit a cada un d'aquests tres. A la nitroglicerina, cada un dels OH s'ha substituït per un grup nitril (NO_2). Es tracta d'un explosiu molt inestable i sensible als cops. Per això, el seu transport i l'ús eren molt més perillosos abans que Alfred Nobel inventés la dinamita.

Nobel la va inventar l'any 1866. Per protegir la nitroglicerina, la va unir a diòxid de silici. Aquest darrer compost feia com d'esponja, per absorbir i protegir l'explosiu. Però a la fàbrica del químic suec es produïa un fet curiós. Ell patia mal de cap –no maldecaps per problemes empresarials, sinó dolor físic al cap. En canvi, treballadors que tenien problemes de cor deien que, mentre treballaven, els desapareixien els dolors al pit –un dels símptomes d'aquestes afeccions. La causa era que absorbien nitroglicerina per la respiració i per la pell.

La curiositat d'uns metges va fer que la nitroglicerina acabés essent receptada contra l'angina de pit, un problema provocat perquè les artèries coronàries queden parcialment obstruïdes –quan l'obstrucció és total, es produeix l'infart de miocardi. Es tractava de col·locar sota la llengua una píndola amb mig mil·lígram de nitroglicerina diluïda amb lactosa. La substància s'absorbia de seguida i alleujava els símptomes d'un atac de cor o els dolors intensos provocats pels problemes cardíacs. Com a efecte secundari, podia provocar un mal de cap com el que patia Nobel.

Ara sabem com funcionen la nitroglicerina i altres compostos utilitzats contra l'angina de pit, com el nitrat d'amil. El que fan és alliberar monòxid de nitrogen, de fórmula química NO. Es tracta d'un gas tòxic i inestable, i per això va sorprendre molt constatar que té efectes molt diversos en l'organisme. Dilata els vasos sanguinis i els alvèols pulmonars, participa en la funció renal i actua en diversos processos neuroquímics –com la fixació dels records.

En el cas que ens ocupa, el seu paper es va descobrir quan s'estudiava el mecanisme pel qual els vasos sanguinis es relaxaven i afavorien un augment del reg de sang. S'havia vist que un aminoàcid anomenat *acetilcolina* en donava l'ordre, però que faltava el que s'anomena "un segon missatger", una altra substància que recollís l'ordre de l'acetilcolina i l'executés. I el descobriment de tot el procés va valer tres premis Nobel. L'any 1980, Robert Furchgott va demostrar que hi havia una substància que executava l'ordre de l'acetilcolina i la va anomenar "factor relaxant derivat de l'endoteli" –l'endoteli és la capa de cèl·lules que recobreix l'interior de tots els vasos sanguinis. El 1986, Louis Ignarro va demostrar que el segon missatger era el NO. I tot això encaixava perfectament amb el que havia descobert, l'any 1977, Ferid Murad: la nitroglicerina alleujava els problemes cardíacs perquè, com hem dit, alliberava NO. Tots tres varen rebre el Nobel de Fisiologia o Medicina el 1998. Aquesta i posteriors troballes sobre el paper del NO havien tingut tan impacte que l'any 1992 la revista nord-americana *Science* va triar el monòxid de nitrogen com a "molècula de l'any".

Uns anys abans que es coneguessin tots aquests mecanismes, un equip dels laboratoris Pfizer estava buscant un nou tractament contra l'angina de pit. No anaven a cegues perquè coneixien una part del mecanisme de vasodilatació. Aquesta es pot produir promovent la relaxació muscular, per tal que els vasos es dilatin i hi hagi més reg sanguini. Sabien que el monofosfat de guinidina cíclic (GMPc) produeix relaxació muscular i, en conseqüència, vasodilatació i augment del reg. Qui dóna l'ordre al GMPc és el NO. El GMPc està produït per un enzim anomenat *guanilat ciclasa*, mentre que un altre enzim, la fosfodiesterasa, el destrueix. Ens trobem aquí davant d'una batalla entre dos enzims: un produeix el relaxant muscular i un altre l'elimina. Si volem produir o potenciar la relaxació, una opció és frenar la fosfodiesterasa, bloquejar-la.

Varen observar que una substància que ho aconseguia era l'anomenada *zaprinast*, una molècula complexa de nom químic també complex: 2-(2-propiloxifenil)-8-azapurin-6-ona. Varen fer-hi diverses modificacions per trobar una altra substància més eficient i, finalment, en varen trobar una que semblava que feia bé el paper. Li varen posar el codi UK92480 i la varen anomenar *sildenafil*. El nom químic encara és més llarg i complex que en el cas del seu predecessor. El sildenafil és 1-[4-etoxi-3-(6,7-dihidro-1-metil-7-oxo-3-propil-1H-pirazolo[4,3-d]pirimidin-5-il)fenilsulfonil]-4-metilpiperazina. I la seva activitat es produeix quan s'administra en forma de citrat –sal de l'àcid cítric.

Després de fer les primeres fases de les anàlisis clíniques, per comprovar-ne els efectes i assegurar-se que no era tòxic, es varen començar a fer assaigs en humans, per veure si hi havia efectes secundaris. I se'n va produir un, que per a molts no era del tot indesitjable: fortes ereccions. Això va decidir Pfizer a centrar-se en aquesta inesperada aplicació i va néixer la Viagra, que va sortir al mercat el 1998 i aviat es va convertir en un èxit de vendes. Persones amb problemes per tenir ereccions podien, per fi, experimentar-les. I molts que volien tenir-les més potents o prolongades, també varen prendre Viagra –tot i que no és gens recomanable que es prengui sense consultar el metge, perquè per a algunes persones pot estar contraindicada.

Sobre l'origen del nom, hi ha diverses versions. Una indica que deu provenir de la paraula sànscrita *vyaghra*, que significa "tigre", per fer referència a les estàtues que hi ha a l'Índia d'aquest animal amb el penis erecte. D'altres afirmen que es va triar per la semblança amb la forma com els nord-americans pronuncien el nom de les cascades del Niàgara ("Niagra"), lloc de destí de molts viatges de nuvis nord-americans.

El que sí que sabem segur és el seu mecanisme d'acció. Quan els músculs del penis es relaxen, augmenta el flux sanguini i es produeix l'erecció. Com en altres llocs de l'organisme, això es produeix per acció del NO sobre el GMPc. Però, a determinada edat, l'enzim fosfodiesterasa –que, recordem-ho, destrueix el GMPc– té una activitat superior a la de l'enzim que produeix GMPc. Per això, la Viagra és efectiva perquè bloqueja la fosfodiesterasa. Encara queda una pregunta. Per què la Viagra actua selectivament en el penis? Doncs perquè l'organisme sintetitza diverses varietats de l'enzim i la que el sildenafil bloqueja és la fosfodiesterasa 5, que és la que actua en aquest membre.

Com passa sovint, el nom comercial ha acabat essent gairebé un substantiu comú. Per això, de vegades es parla de "viagra natural" quan s'observa que algun producte no sintètic actua contra els problemes d'erecció. És el cas de la citrulina, que es troba en gran quantitat a la síndria. A l'organisme, la citrulina es converteix en l'aminoàcid arginina, a partir del qual se sintetitza el NO. Evidentment, no és el mateix prendre les dosis indicades de Viagra que consumir molta síndria per experimentar els mateixos efectes. En tot cas, la síndria té també licopè –com el tomàquet– i això sembla que protegeix contra el càncer. I la citrulina també és beneficiosa perquè elimina tòxics de la sang.

Una altra presumpta Viagra natural –encara no se n'ha demostrat l'efecte– és el *Cordyceps sinensis*, un fong que es troba en prats de gran altitud a l'Himàlaia. No se sap si té algun efecte positiu, però de moment se'n produeix un de negatiu: va tan sol·licitat que es paga molt bé i es recull amb tanta avidesa que això pot fer-lo desaparèixer i afectar els ecosistemes on es troba.

Un cop la Viagra ha provocat l'erecció abans difícil o impossible, és lògic desitjar que l'ejaculació es retardi. O, almenys, que no hi hagi ejaculació precoç. I això és el que fa un fàrmac comercialitzat recentment, de nom comercial Priligy. El seu principi actiu és la dapoxetina, una substància que actua inhibint la recaptació del neurotransmissor serotonina. Al capítol següent veurem la importància d'aquest i altres neurotransmissors. Però el capítol més eròtic acaba aquí. Moltes vegades, amor i sexe es troben. També hi pot haver sexe sense amor i amor sense sexe. En tot cas, com hem vist, el que no hi pot haver és ni sexe ni amor sense química.

---

1   "I'm trying, I'm trying / To let you know just how much you mean to me".

2   "Is it naive of me to seek such ecstasy? I crave the chemistry of love."

3   "Let's have a good time, forget about the reality / 'Cause you and I make chemistry."

4

LA DEPRESSIÓ I L'ÈXTASI

"Portes del somni: canals que s'obren i que es tanquen,
Ions navegant a voltatges propicis.
Jo sóc això? Què sóc més que no sigui
Signes, senyals que es dispersen i corren
Àxons enllà?..."
David Jou: Molècules

Els tres prínceps de Serendip és un conte publicat a Venècia al segle XVI i que està basat en un poema èpic persa. Explica les vivències de tres nois, fills del rei de Serendip –nom persa de l'actual Sri Lanka–, que, gràcies a la casualitat i a la seva capacitat per extreure conclusions a partir de detalls aparentment insignificants, resolen diversos enigmes.

Al segle XVIII, el polític, escriptor i arquitecte anglès Horace Walpole, en una carta, va qualificar de ridícula la història. Però també proposava una nova paraula, *serendipity*, que ell mateix definia com una troballa produïda sense buscar-la, gràcies a una barreja de casualitat i enginy. El mot no va ser gaire utilitzat llavors. Tanmateix, per les raons que sigui, a partir del segle XX va fer fortuna i s'ha acabat adaptant a d'altres idiomes i l'han incorporat en els diccionaris. Així, en català en diem *serendipitat*.

En la recerca sobre els processos que tenen lloc al cervell humà, en la base molecular de diverses malalties i en la troballa de medecines per tractar-les, la serendipitat ha acomplert un paper important. Però cal recordar sempre la frase del químic Louis Pasteur: en recerca, l'atzar només afavoreix les ments preparades.

Tenim una mostra de serendipitat neuroquímica en la història del primer fàrmac contra l'esquizofrènia. Aquesta és una malaltia greu que afecta aproximadament l'1% de la població mundial. Tot i que, als mitjans de comunicació i a la parla col·loquial, el terme es fa servir sovint com a equivalent a doble personalitat, no hi té res a veure. L'esquizofrènia es caracteritza per diversos símptomes, dels quals el malalt en pot presentar només un o més d'un: al·lucinacions visuals o auditives, sensació que altres li controlen la ment o li transmeten ordres, deliris, il·lusió de ser un elegit... El nom significa, en grec, "ment dividida" i es va triar perquè qui la pateix sembla que té una separació entre emoció i pensament.

Fins als anys cinquanta del segle passat no hi havia cap altre tractament per als esquizofrènics que tenir-los controlats en manicomis. Però aleshores va arribar la serendipitat. El laboratori farmacèutic francès Rhône-Poulenc buscava nous antihistamínics, substàncies que actuessin contra les histamines, que estan implicades en diversos processos, com ara les al·lèrgies. L'any 1947, Paul Charpentier en va sintetitzar una que es va anomenar clorpromazina. Provenia de diverses modificacions en la molècula d'un altre antihistamínic, la prometazina.

Poc després, un cirurgià també francès, anomenat Henri Laborit, estava buscant anestèsics que no provoquessin les reaccions que patia molta gent al quiròfan i que podien dur fins i tot a la mort. Com que suposava que aquests problemes eren deguts a les histamines, va demanar a Rhône-Poulenc que li enviés prometazina. Li va donar bons resultats i va demanar altres productes semblants. Un va ser la clorpromazina. Va constatar que aquesta deixava els pacients molt calmats i va proposar a alguns psiquiatres que la provessin en malalts molt agitats. L'any 1952, dos metges, Jean Delay i Pierre Deniker, varen comprovar que el fàrmac era efectiu i calmava persones hiperactives o esquizofrèniques. En aquests darrers pacients, es va anar veient que no tan sols els calmava, sinó que tenia una incidència positiva en el tractament de la malaltia. Naixia el primer antipsicòtic o neurolèptic, nom aquest que Delay i Deniker donaren a aquests compostos perquè deien que "es lliga a la neurona" –leptos vol dir "lligar" en grec.

La clorpromazina va ser tota una revolució, però les serendipitats no acabaren aquí. Es va observar que molts esquizofrènics milloraven de la seva afecció, però començaven a mostrar símptomes de la malaltia de Parkinson. Aquesta afecció provoca problemes motors: no es controlaven bé els moviments i apareixien tremolors. Si un fàrmac que millorava l'esquizofrènia feia aparèixer parkinsonisme, totes dues devien tenir causes oposades.

A poc a poc, se'n va anar traient l'entrellat. Gràcies a l'aparició de tècniques per mesurar les concentracions de determinats neurotransmissors en persones vives i a les anàlisis de cervells de malalts de Parkinson morts, es va poder concloure que aquesta malaltia provenia d'una disminució en l'activitat d'un neurotransmissor, la dopamina, mentre l'esquizofrènia apareixia pel problema contrari: massa activitat d'aquesta substància. La clorpromazina devia disminuïr tant l'activitat de la dopamina que per això podia acabar fent sorgir símptomes de parkinsonisme.

Cap al 1960, el suec Arvid Carlsson va descobrir el mecanisme d'acció de la clorpromazina. No disminuïa la concentració de dopamina, com es podia haver suposat, sinó que en bloquejava l'acció. Com? Unint-se als seus receptors i impedint així que la vertadera dopamina ho fes. Venia a ser un impostor que ocupava el lloc de la dopamina a les neurones i no deixava que aquesta fes el seu paper. El procés pot quedar més clar si expliquem com es comuniquen les neurones i com actuen els neurotransmissors.

CONVERSES ENTRE NEURONES

La neurona és la cèl·lula nerviosa. Al cervell humà, n'hi ha una quantitat impressionant –cent mil milions–, que curiosament coincideix aproximadament amb el nombre d'estels de la nostra galàxia. Aquesta immensa constel·lació de cèl·lules nervioses té una gran capacitat per establir comunicacions. Cada neurona pot rebre informació de deu mil neurones més i enviar-la a unes altres deu mil. El nombre de neurones i les possibilitats de comunicació de cada una donen a un nombre de possibilitats que gairebé mareja només de calcular-lo.

Dintre de la neurona, la informació circula gràcies a un impuls elèctric. I aquí la química també hi fa el seu paper. Perquè l'impuls elèctric viatgi, cal que es produeixi una diferència de potencial. I això succeeix gràcies a l'entrada i la sortida d'ions de sodi. L'interior de la neurona en repòs és elèctricament negatiu. Quan la neurona s'excita, hi entren ions de sodi. Com que aquests tenen càrrega elèctrica positiva, es provoca la circulació de l'impuls electroquímic. El senyal viatja per dintre de la neurona a una velocitat molt elevada: vora 200 quilòmetres per hora.

Així, en un no-res el senyal ha arribat al final. Però, per activar la neurona següent i que el missatge segueixi el seu curs pel cos, hi ha un problema: les neurones no es toquen; hi ha un espai entre elles. Per salvar l'obstacle, les cèl·lules nervioses s'envien senyals químics. L'espai entre dues neurones s'anomena sinapsi i aquí el contacte és químic. Es produeix perquè una neurona deixa ara una substància anomenada neurotransmissor i la neurona següent la capta.

El procés es pot detallar així: en un extrem de la neurona presinàptica –la que està abans de la sinapsi– hi ha vesícules que contenen un neurotransmissor determinat. El senyal electroquímic dóna l'ordre d'alliberar-lo. Passa aleshores a l'exterior i s'uneix a uns receptors específics que té la neurona següent –la postsinàptica. Aleshores activa el senyal que produeix en aquesta segona neurona l'activitat electroquímica, que viatja pel seu interior fins que al final es produirà el mateix procés per comunicar amb la neurona següent. I així sucessivament.

El procés és encara més complex, perquè en realitat el neurotransmissor activa un segon missatger dintre de la neurona, però pel que volem explicar es pot simplificar així.

Hem dit que el receptor de la segona neurona és molt específic. El receptor és una proteïna situada a la membrana de la neurona. Cada tipus de neurotransmissor es pot unir només a un tipus de receptor i cada tipus de receptor només pot ser activat per un tipus de neurotransmissor. És a dir, que la dopamina alliberada per una neurona només activa les neurones que tenen receptors de dopamina. I el mateix passa amb la serotonina o amb qualsevol neurotransmissor.

El símil del pany i la clau, que hem fet servir al capítol anterior per explicar les olors, també serveix per explicar com encaixen el neurotransmissor i el receptor. Només una clau pot entrar en un pany i fer-lo girar. Només un neurotransmissor pot encaixar en un receptor i activar la neurona.

Però, aleshores, com actua la clorpromazina? Aquest fàrmac és com una clau que encaixa en el pany –el receptor-, però que no pot fer-lo girar. Això passa moltes vegades: la clau entra en el pany, però no ens permet obrir la porta. Ara, mentre estigui posada aquesta clau, la de debò no hi pot entrar. La clorpromazina encaixa en el receptor, però no del tot. Té semblances amb la dopamina, però no és exactament igual. No pot pro-

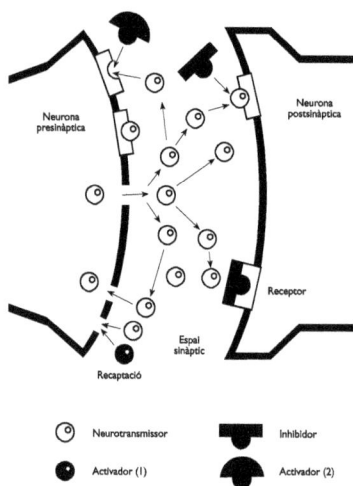

7/ A les sinapsis, la comunicació entre les neurones es produeix amb neurotransmissors. Algunes substàncies en poden activar o inhibir els efectes encaixant en diversos receptors.

Neurona presinàptica

Neurona postsinàptica

Receptor

Espai sinàptic

Recaptació

Neurotransmissor

Inhibidor

Activador (I)

Activador (2)

duir el mateix efecte. El resultat és, però, que mentre la clorpromazina ocupa el receptor, la dopamina no pot unir-s'hi i activar-lo. Per això s'anomena *antagonista*.

Ja tenim un mecanisme d'acció. Però n'hi ha d'altres, descoberts gràcies a la serendipitat, la unió de la casualitat i una ment preparada. En aquesta ocasió, l'inici de tot el trobem a l'Índia. L'any 1931, uns metges d'aquell país varen demostrar que una planta anomenada *rauvòlfia* o *serpentària* (*Rauwolfia serpentina*) era efectiva per disminuir la pressió de la sang. Vint anys després, es va aïllar el principi actiu que produeix l'efecte i es va anomenar *reserpina*. Però la rauwòlfia també s'utilitzava per tractar malalts mentals. Per això, es va començar a estudiar la reserpina com a tractament de l'esquizofrènia. Es va mostrar efectiva i també va produir símptomes de parkinsonisme. Però ara sabem que el mecanisme és diferent. Hem explicat abans que els neurotransmissors, dintre de la neurona, estan protegits dintre d'unes vesícules. La reserpina fa que la dopamina –i dos neurotransmissors més, la noradrenalina i la serotonina– surtin de les vesícules abans d'hora. Aleshores actua un enzim que els degrada. Així, no poden ser alliberats i unir-se als receptors de l'altra neurona.

La reserpina tenia un altre efecte secundari. L'any 1954, un prestigiós cardiòleg nord-americà anomenat Edward Freis va publicar un informe en què explicava que alguns del seus pacients hipertensos tractats amb grans dosis de reserpina havien passat a patir depressió, sense tenir antecedents d'aquesta malaltia. La reserpina alleugeria la hipertensió i l'esquizofrènia, però podia provocar depressió. Aquí hi havia camp per esbrinar quines reaccions complexes es produïen al cervell. La recerca conduiria, finalment, a l'antidepressiu més popular de l'actualitat.

DE L'ESQUIZOFRÈNIA A LA DEPRESSIÓ

La dècada dels anys cinquanta del segle passat s'han qualificat com l'edat d'or de la psiquiatria, per tots els coneixements que es varen descobrir sobre els mecanismes químics del cervell i per les troballes que varen fer aparèixer fàrmacs per a malalties abans intractables. L'estudi de l'esquizofrènia va aportar molts d'aquests avenços.

A mitjan dels anys cinquanta se sabia que hi havia un enzim, la monoaminooxidasa (MAO), que eliminava el grup amino (NH_2) de neurotransmissors com la noradrenalina i la serotonina. Fent fora aquest grup químic de la seva estructura, també n'anul·lava la funcionalitat. Així, per evitar que els neurotransmissors es destruïssin, es podia mirar d'anul·lar l'acció de la MAO.

Poc abans, s'havia constatat que els malalts tuberculosos tractats amb iproniazida milloraven no sols d'aquesta malaltia, sinó també en estat d'ànim. Novament, la medicació per a un problema mostrava signes d'incidir en un altre.

Aleshores, es varen començar a provar els efectes de la iproniazida en rates. Se'ls administrava aquesta substància, se n'estudiava el comportament i després se les matava per mesurar les concentracions de noradrenalina i serotonina al cervell. A més d'iproniazida, es va administrar la mateixa substància combinada amb reserpina, i també reserpina sola. Els resultats indicaven que, si aquesta darrera induïa a calmar els animals i a no mostrar gairebé activitat, la iproniazida tenia l'efecte contrari. I això podia no ser gens bo per als esquizofrènics, però potser seria positiu per als qui patien depressió.

I així era. A final dels anys cinquanta, ja s'utilitzava la iproniazida en el tractament de la depressió. Es varen buscar altres substàncies que inhibissin l'activitat de la MAO. Totes es varen mostrar efectives i així sorgiren els primers antidepressius, anomenats IMAO, és a dir, inhibidors de la MAO. La seva activitat consistia en no permetre l'activitat de l'enzim i així evitar que aquest destruís la serotonina i la noradrenalina. Per tant, no actuaven potenciant la producció d'aquests neurotransmissors, sinó evitant-ne la seva destrucció. Així, podien unir-se als receptors de la neurona postsinàptica.

Els IMAO van ser un gran avenç i un gran alleujament per a molts malalts. Però presentaven problemes. Un era que la MAO no degrada només aquests neurotransmissors, sinó també la tiramina, un aminoàcid present en diversos aliments, com ara el formatge i el vi. En prendre IMAO, s'impedia que es degradés la tiramina, que en determinades quantitats pot provocar augment de la tensió arterial i migranyes. Els qui prenen IMAO no poden, doncs, menjar vi i formatge per evitar el mal de cap o un perillós increment de la pressió.

Actualment, els IMAO només s'administren en alguns pacients. Al cap de pocs anys, es va descobrir un altre tipus d'antidepressius. Se'ls va anomenar *tricíclics*, perquè la majoria tenien en la seva estructura tres anells d'àtoms de carboni. Varen sorgir quan es va modificar l'estructura de la clorpromazina per buscar fàrmacs per a l'esquizofrènia més eficaços o amb menys efectes secundaris. Un d'aquests, la imipramina, no va mostrar cap benefici en aquests malalts, però el psiquiatre suís Roland Kuhn, que els havia fet les proves, va voler comprovar si la substància era beneficiosa per a d'altres afeccions. I va descobrir que era un bon antidepressiu.

El mecanisme d'acció, com es va saber després, no tenia a veure amb la MAO. Els tricíclics actuen per un altre mecanisme. Quan el neurotransmissor ha activat els receptors de la neurona postsinàptica, és recaptat per la neurona presinàptica. Així, aquesta el pot reaprofitar sense que calgui

8/ L'any 1976, la investigadora Marie Åsberg, de l'Institut Karolinska d'Estocolm, va proposar que algunes depressions estaven provocades per una deficiència d'un neurotransmissor, la serotonina.

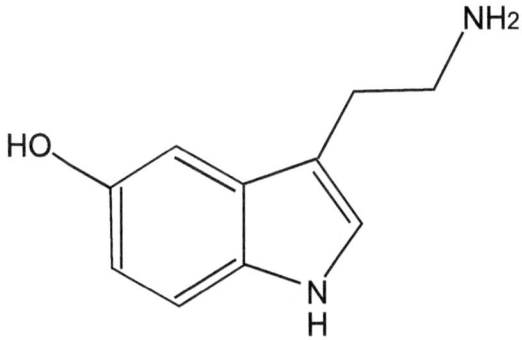

NH2

HO

N
H

sintetitzar-ne més. El que fan els fàrmacs tricíclics és bloquejar aquesta recaptació. Així, els neurotransmissors poden activar més receptors. Però encara faltava un tercer pas en la lluita contra la depressió. L'any 1976, la investigadora Marie Åsberg, de l'Institut Karolinska d'Estocolm, va estudiar les concentracions de productes de degradació de la serotonina en persones vives, extraient-los del líquid cerebroespinal. Era una mesura indirecta de la concentració de serotonina: a nivells més elevats del producte de degradació, més quantitat de serotonina hi devia haver hagut. Va dividir les persones analitzades en quatre grups: sans, malalts de depressió que no havien intentat suïcidar-se, malalts que havien intentat suïcidar-se amb mètodes no violents i malalts que ho havien intentat amb mètodes violents. Va constatar que els dos darrers grups tenien menys concentració de serotonina. Va proposar que hi havia depressions en què el problema era una deficiència d'aquest neurotransmissor.

També els anys setanta, el farmacòleg David Wong, que treballava per a l'empresa Eli Lilly, va descobrir que un dels compostos que aquests laboratoris havien sintetitzat per trobar nous antidepressius, amb la clau LI 10, 140, inhibia de forma potent la recaptació de serotonina. Aquesta substància era la fluoxetina. Les proves en animals es mostraven efectives. L'any 1976 es feren proves en humans. I el 1988 estava al carrer amb el nom comercial de Prozac. El 1994 ja era l'antidepressiu més venut del món.

Aviat d'altres empreses crearen altres antidepressius: citalopram, paroxetina, sertralina, que donaren lloc a noms comercials diversos: Prisdal o Seropram, Paxil o Seroxat, Zoloft o Lustral... Tots tenen la característica de bloquejar la recaptació del neurotransmissor –com els tricíclics–, però l'avantatge de ser selectius per a la serotonina i sense efectes en la noradrenalina o la dopamina. Per això, tenen menys efectes secundaris.

A més, si bé bàsicament són antidepressius, s'han mostrat eficaços en altres problemes: fòbies, trastorns de l'alimentació, trastorn obsessiucompulsiu, problemes patològics de relació social. La raó deu ser que hi ha un gran nombre de receptors de serotonina i cada un té relació amb processos diferents. Per això, la serotonina no afecta només l'estat d'ànim, sinó també els ritmes de la son, la fam i altres processos.

Amb tantes possibles aplicacions, un dels problemes que es planteja és que el Prozac i altres antidepressius es vegin com una solució a les tensions que tothom pot patir en moments determinats i no com un fàrmac indicat en processos patològics que necessita prescripció mèdica. La popularitat del Prozac ha portat també a frivolitzar-ne el consum i se l'ha vist com a solució a problemes que no són patològics i que de cap manera pot resoldre.

No hem dit fins ara la fórmula química de la serotonina. És la 5-hidroxitriptamina. Se sintetitza a partir de l'aminoàcid triptòfan, que es troba present en diversos aliments. Alguns proporcionen directament serotonina –els plàtans-, però en poca quantitat. D'altres contenen triptòfan: ous, llet, cereals integrals, xocolata... Això darrer potser explica per què alguns enamorats abandonats mengen grans quantitats de xocolata. El dolç, en general, també ajuda a lluitar contra l'estat depressiu. El triptòfan ha de competir amb altres aminoàcids per entrar en el cervell i ajudar a sintetitzar serotonina. La glucosa disminueix la capacitat dels altres aminoàcids per passar la barrera hematoencefàlica –que protegeix el nostre cervell. Així, menjant sucres facilitem el camí al triptòfan.

Però també hi ha d'altres formes d'induir la síntesi de serotonina. L'exercici físic n'és una i la llum solar n'és una altra. Això fa recomanable que els depressius no es tanquin a casa, sinó que es moguin i prenguin el sol. També pot explicar la caiguda d'ànim que molta gent pateix a la tardor i a l'hivern. Un equip d'investigadors canadencs dirigit per Jeffrey Meyer ha descobert, que en aquestes estacions, al cervell hi ha més transportadors de serotonina, que fan fora el neurotransmissor de l'espai sinàptic i el retornen a l'interior de la neurona. Els valors més elevats d'aquests transportadors es donen quan hi ha menys radiació solar.

La serotonina també ha revelat el seu paper en altres problemes. Un estudi de la Universitat de Chicago mostrava nivells baixos de serotonina en els cervells de mones que havien estat rebutjades per les seves mares. I més baixos encara si les mones havien patit abusos. Els nivells també eren menors en les mones femelles que de grans es convertien en mares abusives. El maltractament i la manca d'afecte, doncs, poden deixar empremta en el cervell. Recordem que, com hem vist al capítol anterior, la manca d'oxitocina disminueix el sentiment maternal en les femelles. La manca d'oxitocina en les mares pot acabar, doncs, disminuint els nivells de serotonina en els fills. Aquesta conseqüències negatives dels desequilibris en les complexes relacions químiques que es produeixen al cervell.

LES REVELACIONS DE MORFEU

L'opi s'ha utilitzat des de fa mil·lennis per mitigar el dolor i per obtenir sensacions d'eufòria. Però no va ser fins a principi del segle xix que se'n va aïllar el principi actiu, la substància que produeix aquests efectes. El químic alemany Friedrich Sertürner tenia només 20 anys quan la va aïllar i la va anomenar *morfina*, en referència al déu de la son, Morfeu. L'addicció a la morfina va ser un greu problema de salut, agreujat quan un químic anglès, C. R. Alder Wright, va introduir lleugeres modificacions a la molècula i va sintetitzar l'heroïna. Els metges la consideraven tan poc perillosa que es va comercialitzar com un remei contra la tos preferible als que contenien codeïna.

En el cas del dolor, la morfina és efectiva, però presenta els mateixos problemes. L'any 2009, es va sintetitzar una molècula derivada de la morfina, però amb menys efectes secundaris. Investigadors de l'Institut de Química Avançada de Catalunya –del Consell Superior d'Investigacions Científiques-, junt amb altres col·legues de Madrid i de Salamanca, varen treballar sobre un metabòlit natural de la morfina –anomenat M6G- i varen substituir-ne una part per un sucre simple, la manosa. Aquest canvi aparentment tan senzill va fer que, administrat a rates, eliminés el dolor de forma més potent que la morfina, però sense produir tolerància –procés pel qual es necessiten dosis cada vegada més elevades per obtenir el mateix efecte. Com que no se n'han fet proves en humans, encara no es pot parlar d'un analgèsic, sinó d'un antinociceptiu. En tot cas, és un exemple de petits canvis químics que permeten aprofitar els efectes positius d'algunes substàncies i evitar-ne els perills.

El 1973 és un altre any clau en neuroquímica. Va ser quan es va descobrir que la morfina s'unia a uns receptors específics del cervell. Aquests bloquejaven l'arribada del missatge dolorós i el cervell, per tant, no el detectava o ho feia de manera molt menys intensa. Es va veure també que la morfina generava eufòria perquè hi ha molts receptors acumulats en el sistema límbic, una part del cervell implicada en les emocions i els sentiments.

Una de les preguntes que es feren els investigadors era per què hi ha receptors específics per a la morfina al cervell. Si hi ha receptors deu ser per alguna utilitat. Però el cos no fabrica morfina. Ara bé, es va descobrir que el nostre organisme sí que produeix unes substàncies d'estructura molt semblant, que són les que de forma natural s'uneixen a aquests receptors. Els seus descobridors les van anomenar *encefalines* –"en el cervell". Però abans se n'havia proposat un altre nom, que també s'utilitza: *endorfines*– contracció de morfines endògenes. Ara el nom d'*encefalines* ha quedat per als dos pèptids –cadenes d'aminoàcids– que es van aïllar l'any 1975, mentre que les endorfines són qualsevol substància endògena que produeix efectes semblants a la morfina.

La seva funció és precisament atenuar el dolor, i si la morfina produeix aquest efecte és perquè la seva estructura té semblances amb la de les endorfines. Aquestes substàncies són un mecanisme de defensa de l'organisme davant del dolor i, a més de pal·liar-lo, tenen també els efectes euforitzants i addictius de la morfina, tot i que en grau menor. Quan la dona pareix, la concentració d'endorfines a la seva sang augmenta fins a deu vegades el valor normal. Per això després es pot produir la depressió postpart: els nivells tornen a baixar abruptament i es produeix una síndrome d'abstinència natural. Les endorfines poden ser útils en situacions extremes. Si ens fereixen, necessitem tenir la capacitat d'enfrontar-nos a l'agressor o fugir. Les endorfines pal·lien el dolor que ens impediria fer cap de les dues coses. Recordem que són sistemes molt antics en el procés evolutiu i, per això, responen a necessitats d'un món de lluita pels recursos i la vida.

Una forma de segregar endorfines és l'exercici físic. Abans hem dit que ajudava a sintetitzar serotonina. Si, a més, segrega endorfines, l'estat de benestar pot explicar per què hi ha gent que es troba tan bé després de fer esport. I també pot explicar per què hi ha qui té addicció a l'exercici físic.

BEATLES I ROLLING STONES

La morfina i l'heroïna no són les úniques drogues sorgides a partir de l'estudi de productes naturals utilitzats en diverses cultures. El peiot (*Lophophora williamsii*) és un cactus que els habitants del territori que avui és Mèxic consumien en cerimònies religioses. Els produïa al·lucinacions. L'any 1897, el químic alemany Arthur Heffter va aïllar la mescalina, el principi actiu principal del peiot. Era la primera substància del que es coneixeria com a *psicodèlics*. Aquest terme es va crear el 1957 i està format a partir de dues paraules gregues: *psyche*, "ànima", i *delos*, "manifest". Significa, per tant, manifest de l'ànima, com si la substància extragués del més profund del cervell, de l'inconscient, sense limitacions, emocions amagades. La mescalina va ser el primer principi actiu –després en tornarem a parlar–, però probablement el compost més famós i impactant va ser l'anomenat LSD.

La seva història s'inicia quan la indústria química comença a aïllar les substàncies contingudes en l'ergot o banya de sègol (Claviceps purpurea), un fong paràsit. Era conegut des de l'edat mitjana com a verí, però també s'utilitzava per accelerar el part. En ocasions, la preparació de pa amb cereal atacat per l'ergot havia provocat molts casos d'ergotisme, una malaltia caracteritzada per convulsions i al·lucinacions. Ja al segle XIX, els metges el varen utilitzar per provocar la contracció de l'úter de forma més ràpida i així evitar les hemorràgies que es produïen en el moment del part.

L'any 1918, el químic suís Arthur Stoll, que treballava per a l'empresa Sandoz, va aïllar el primer dels principis actius de l'ergot i el va anomenar ergotamina. Des d'aleshores, és una de les substàncies més utilitzades contra les migranyes. Els anys trenta, Stoll i altres companys varen aïllar la substància que produeix les contraccions de l'úter i la van anomenar ergonovina. Així, ja es podia utilitzar una part de l'ergot sense patir pels efectes secundaris i, a més obtenir-los, en més quantitat. Per aquella època, químics americans identificaren l'estructura química comuna de la major part dels components de l'ergot i el varen anomenar àcid lisèrgic.

El suís Albert Hofmann, que també treballava a Sandoz, va idear un mètode per sintetitzar ergonovina en grans quantitats. També va identificar un verí anomenat ergotoxina i hi va fer modificacions químiques, fins a convertir-la en un fàrmac que millorava les funcions mentals de la gent gran. Un dels preparats obtinguts per Hofmann amb aquestes modificacions era la dietilamida de l'àcid lisèrgic, abreujadament LSD, sintetitzada l'any 1938. Com que semblava no tenir uns efectes especialment interessants, els laboratoris Sandoz la varen descartar.

L'any 1943, Hofmann va tenir el que va anomenar "un pressentiment peculiar" i va tornar a sintetitzar l'LSD. Va haver de deixar la feina, perquè se sentia molt agitat i una mica marejat. Se'n va anar a casa i va trobar-se com embriagat, percebent imatges amb formes fantàstiques i colors vius. Va pensar que en sintetitzar LSD n'havia absorbit una mica per la pell i va voler provar si li produïa més efectes. Així que se'n va prendre 0,25 mil·lígrams i es va trobar immers en una cascada de sensacions que provenien tant del seu entorn com del seu interior.

Hofmann va trigar 14 hores a recuperar-se i els seus companys de Sandoz devien deixar passar molt menys temps per provar ells mateixos l'LSD, confirmar les sensacions del seu col·lega i decidir que allò mereixia ser investigat. Però les proves dels metges constataren que, en alguns casos, hi havia beneficis, però en la majoria es produïen molts efectes perniciosos o incontrolables. En el camp mèdic, l'LSD va tenir poc èxit, però al seu voltant va sorgir tot un moviment alternatiu. Califòrnia es va convertir en el centre del moviment i allà moltíssimes persones, sobretot joves, varen experimentar amb LSD i amb altres drogues. Però els psiquiatres varen constatar que molts d'ells patien un deteriorament irreversible dels processos mentals i això va fer que els governs prohibissin l'LSD i altres substàncies semblants. Fins i tot la BBC britànica va deixar de radiar una cançó dels Beatles, apareguda l'any 1967, perquè pensava que feia propaganda del l'LSD amb el títol. Era la famosa "Lucy in the Sky with Diamonds", que amb les tres inicials dels substantius formava el nom de la droga. El 1971, els Rolling Stones varen contratacar amb "Brown sugar", que es pot referir simplement al sucre morè, però que en una cançó de lletra tan provocadora potser feia més aviat referència a un nom popular de l'heroïna.

Aquesta cançó formava part de l'àlbum *Sticky Fingers* (dits enganxosos), editat l'any 1971, on també s'incloïa un tema que havia aparegut el 1969. El seu nom era molt més explícit: "Sister Morphine" (germana morfina). La lletra era de Marianne Faithfull, exnòvia del líder dels Stones Mick Jagger, i la música era del propi conjunt. Parla d'algú que és al llit de l'hospital i pregunta a la "germana morfina" quan tornarà a visitar-lo perquè no suporta l'abstinència –o potser el dolor–: "Oh, no penso que pugui esperar tant. / Oh, veus que no sóc tan fort".[1] La seva dependència és clara: "Si us plau, germana morfina, canvia els meus malsons en somnis".[2] Expressa, de forma crua, la incapacitat de suportar el món real sense l'entorn artificial i fugaç que creen les drogues.

CAMÍ DE L'ÈXTASI

Al capítol anterior, hem parlat del grup My Chemical Romance. Ara podrem citar el duo The Chemical Brothers. Van començar la carrera amb el nom de The Dust Brothers –germans de la pols–, però un grup amb el mateix nom els va amenaçar de demanda. Com que havien gravat una cançó titulada "Chemical Beats" –batecs químics–, van triar el nom que avui mantenen.

No és difícil relacionar el nom amb una nova accepció de l'adjectiu *químic*. Es pot associar a una sèrie de compostos sintètics utilitzats com a drogues. L'LSD en podria ser un. La seva popularitat i la fórmula química van fer que se'l conegués simplement com a "àcid". Irvine Welsh, un escriptor de qui també hem parlat abans, narra històries en què la droga i el sexe tenen un protagonisme essencial. Un dels seus contes es titula "Acid House" i la referència a la droga hi és clara ja des del títol. Està editat amb dues històries més en el llibre que hem citat abans, titulat

Èxtasi. Tres històries d'amor químic. La portada, amb una silueta il·luminada de blau que té a la boca una lluminosa lletra "e", deixa poc marge al dubte. Per si calgués, hi ha referències directes: "Deixaré l'èxtasi en pau una temporada; m'està cardant el cap. Em sembla que estimo tothom i després em crec incapaç d'estimar ningú. Les baixades comencen a ser força dolentes."

La història de l'èxtasi neix a principi del segle passat, quan l'adrenalina o epinefrina es va començar a utilitzar per tractar l'asma. Entre d'altres efectes, dilata els bronquis i facilita la respiració. Però l'adrenalina ingerida oralment es desfà quasi del tot a l'aparell digestiu. Als anys vint, un farmacòleg que treballava als laboratoris Lilly, K. K. Chen, va començar a estudiar una planta anomenada *ma huang* (*Ephedra vulgaris*), utilitzada també contra l'asma en la medicina tradicional xinesa. Junt amb altres col·legues, en va aïllar el principi actiu i la va anomenar *efedrina*.

Com que de la planta no se'n podia extreure prou quantitat per tractar tota la gent amb problemes d'asma, es va buscar la forma de sintetitzar l'efedrina. I així va ser com, poc després, Gordon Salles, un químic britànic que treballava als Estats Units, va sintetitzar un compost que va anomenar amfetamina. Es podia administrar amb un inhalador i això facilitava que els asmàtics la poguessin prendre de manera urgent en cas de necessitat.

Però l'amfetamina tenia un problema: era estimulant i euforitzant, i aviat va ser utilitzada per gent sense asma que volia eliminar el cansament. Després de la Segona Guerra Mundial —on s'havia utilitzat en diversos exèrcits dels dos bàndols— es va veure el seu impacte en la població civil. Però potser l'esclat del seu ús va arribar la dècada dels seixanta a Califòrnia, quan es va combinar amb l'LSD.

L'amfetamina té una estructura química semblant a la mescalina, però més potent. I la potència encara va augmentar més quan als anys seixanta un químic anomenat Alexander Shulgin va sintetitzar-ne alguns derivats. Shulgin havia experimentat amb drogues psicodèliques i volia fer recerca en aquest camp. Prenent com a base la mescalina, hi va afegir un grup metil (CH_3) i així va obtenir la 3,4,5-trimetoxiamfetamina o TMA. Era el primer compost del grup de les metoxiamfetamines.

Shulgin va contribuir a popularitzar una d'aquestes substàncies, que s'havia sintetitzat l'any 1912 però que havia quedat oblidada. Es tracta de la 3,4-metilenedioxi-*N*-metamfetamina o MDMA, coneguda popularment com a èxtasi. La va experimentar ell mateix i va passar a ser-ne consumidor habitual, a més de difondre-la entre amics i col·legues. Estava prohibida als Estats Units, però a més de Shulgin la utilitzaven alguns psicoterapeutes de forma il·legal amb alguns pacients.

L'LSD i l'èxtasi pertanyen a dos grups diferents de drogues psicodèliques. El primer és una triptamina que s'uneix a receptors específics de serotonina. Estan situats a l'escorça cerebral i l'LSD impedeix que aquesta part del cervell processi i filtri correctament la informació sensorial. Per això sembla que l'entorn i l'interior de l'individu s'unifiquin, i es prenen com a reals formes i colors que no existeixen.

L'èxtasi i les altres feniletilamines –com la mescalina- potencien l'acció de la dopamina, però també s'uneixen a d'altres receptors, com els de la serotonina. L'èxtasi, concretament, afavoreix l'alliberament de dopamina, serotonina i nordadrenalina, i això produeix desinhibició. Però, en quantitats més elevades pot produir al·lucinacions, i la barreja amb l'alcohol té efectes nefastos. I encara està més contraindicat en persones que pateixen problemes cardiovasculars, que tendeixen a angoixar-se o que tenen tendències psicòtiques.

Des de fa alguns anys, s'han desenvolupat estudis científics autoritzats i controlats sobre el possible ús terapèutic d'aquestes drogues. La psilocibina, extreta de l'anomenat "fong màgic", *Psilocybe mexicana*, podria ser útil en el trastorn obsessiu compulsiu. També podria servir, com ja es va provar amb l'LSD, per alleujar el patiment psicològic dels malalts terminals de càncer. I l'èxtasi es podria utilitzar per tractar l'estrès posttraumàtic que experimenten persones que han passat per experiències molt estressants –guerres, catàstrofes naturals, pèrdues de familiars...

No seria l'únic cas de droga amb aplicacions terapèutiques. El cànnabis, conegut també com a marihuana, s'extreu del cànem de l'Índia (*Cannabis sativa*). S'utilitza des de fa milers d'anys, però des de fa algun temps s'ha comprovat que resulta útil en alguns pacients. Així, en persones amb càncer que reben tractament amb quimioteràpia, redueix els forts mareigs i les nàusees que solen patir. L'efecte és degut, concretament, a un dels components del cànnabis: el delta-9-tetrahidrocannabinol (THC). Malgrat la importància que pot tenir per a persones que reben tractaments tan agressius com la quimioteràpia, el fet de tractar-se d'una droga va provocar, no sense gran polèmica, que als Estats Units se'n restringís no tan sols l'ús, sinó fins i tot la recerca sobre les possibilitats mèdiques.

L'agost de 2009, Emma Puighermanal, Arnau Busquets-Garcia, Rafael Maldonado i Andrés Ozaita, del Laboratori de Neurofarmacologia de la Universitat Pompeu Fabra, varen publicar a la revista *Nature Neuroscience* un article en què descrivien el mecanisme pel qual el cànnabis perjudica la memòria. Ho fa perquè quan el THC s'uneix en el cervell als receptors cannabinoides, aquests envien a l'interior de les neurones un senyal que fa activar una proteïna anomenada mTOR. I aquesta interfereix el procés de fixació de records. Conegut el mecanisme, potser es podrien dissenyar sistemes per evitar-lo o fàrmacs que tinguessin els efectes positius del THC sense aquest perjudici.

La recerca és encara més important si tenim en compte que la proteïna mTOR està implicada en la proliferació cel·lular en alguns càncers. Per bloquejar-la, s'utilitza un fàrmac anomenat *rapamicina* perquè va ser descobert a Rapa Nui –nom tradicional de l'illa de Pasqua, que Xile es va annexionar al segle XVIII. El sintetitza un bacteri del gènere *Streptomyces*. La rapamicina és un antifúngic que sembla actuar contra la proteïna mTOR. I per això s'utilitza en algunes quimioteràpies. També es fa servir per evitar l'oclusió d'artèries coronàries i s'ha vist que aconsegueix allargar la vida de diversos invertebrats. I, com va descriure per primer cop un equip nord-americà l'estiu de 2009, dels ratolins. La història demostra els lligams sorprenents que es poden establir entre una droga com la marihuana, una substància natural extreta d'un bacteri i una malaltia com el càncer.

Tot això és objecte de recerca i encara no se sap si realment tindrà un ús terapèutic més o menys estès. Però segur que, si el té, es basarà en unes dosis i unes pautes perfectament establertes i controlades, i sense generalitzar-ho a tots els pacients. El cànnabis i l'èxtasi presenten, així, expectatives de ser útils en medicina, si es desprenen de l'ús il·legal, frívol i irresponsable que ara els envolta.

---

1   "Oh, I don't think I can wait that long. / Oh, you see that I'm not that strong"

2   "Please, sister morphine, turn my nightmare into dreams."

5

LA QUÍMICA A TAULA

"La ciència del cuiner consisteix a descompondre, a fer digerible i a quintaessenciar la carn, a extreure'n els sucs alimentaris i lleugers. Aquesta mena d'anàlisi química és, de fet, l'objecte bàsic del nostre art."
François Marin: Les dons de Comus (1742)

Harold McGee volia ser astrònom i per fer aquesta carrera va anar al California Institute of Technology. Però allà mateix va acabar estudiant literatura. Quan va veure que obtenir una plaça fixa en la seva especialitat era difícil, va recuperar l'interès per la ciència i va decidir combinar la seva vocació amb la seva formació: es va convertir en autor de llibres de divulgació científica. I ha acabat essent un gran especialista en la relació entre cuina i ciència. No tan sols ha escrit llibres, sinó que també col·labora en diversos mitjans, fa cursos i conferències, i assessora restauradors i indústries alimentàries.

Explica que tot va començar perquè, mentre buscava un primer tema per fer divulgació, passava caps de setmana amb amics seus que es reunien per cuinar. Un d'ells li va preguntar per què les mongetes causaven flatulència. I va pensar que podia ser divertit explicar aquestes coses.

Abans de seguir amb McGee, expliquem-ho: les mongetes i altres aliments produeixen flatulència perquè contenen un tipus d'hidrats de carboni de cadena llarga anomenats *oligopèptids*, que no poden ser degradats a l'estómac. Aleshores passen a l'intestí, on troben uns bacteris que els descomponen, però que en fer-ho produeixen gasos.

I després de respondre la pregunta que l'amic de McGee li va fer, continuem amb la trajectòria d'aquest escriptor nord-americà. El seu primer llibre es titulava *La ciència i la tradició de la cuina* i es va publicar l'any 1984. El mateix any, va publicar un article a la revista *Nature* demostrant que algunes recerques aparentment banals tenen el seu lloc en publicacions serioses de recerca. I que algunes idees tradicionals en cuina poden tenir una explicació científica. Concretament, l'article es va publicar a *Nature* el 12 d'abril de 1984 amb el títol "Per què batem el clara d'ou en bols de coure?".

McGee havia vist que diversos textos antics feien aquesta recomanació i va pensar que podia ser un objecte de recerca. Com ho demostra que el text es publiqués a *Nature*, McGee va fer-ne comprovacions científiques. Junt amb un biòleg i un botànic de Stanford, va plantejar un experiment i, finalment, va arribar a la conclusió que els utensilis de coure redueixen el risc que l'albúmina de la clara es desfaci per sobreescalfament i acabi fent malbé merengues o suflés. La raó és que el comportament de la clara d'ou varia quan una proteïna que conté, l'ovotransferrina, absorbeix coure de la superfície del bol, encara que sigui en quantitats ínfimes. El complex format per la proteïna i el metall suporta millor la calor i manté l'estructura.

Una de les obres més recents de McGee és un llibre molt gruixut, publicat el 2004, titulat *On Food and Cooking: The Science and Lore of Kitchen*, que podem traduir com "Sobre el menjar i el cuinar: la ciència i el saber popular de la cuina". Entre altres coses, McGee analitza si moltes normes tradicionals de la cuina són eficaces i per què. Val, com a exemple el seu primer treball sobre els estris de coure i les clares d'ou.

MOLÈCULES SABOROSES

Una motivació semblant té Hervé This, un enginyer físicoquímic francès. L'any 1988 va crear, junt amb Nicholas Kurti (1908-1998) –un físic hongarès que va ser professor durant molts anys a Oxford– la disciplina que van anomenar "gastronomia molecular". This distingeix, en primer lloc, entre cuina i gastronomia. Per ell, la primera és simplement la preparació del menjar, mentre que la segona inclou el coneixement sobre tot allò que afecta la nutrició humana. I la disciplina que va fundar amb Kurti, la defineix com l'estudi de la química i la física que hi ha darrere de la preparació de qualsevol plat.

L'especialitat en sí no és nova. This cita un papir del segle II a.C. que ja explica com s'ha utilitzat una balança per esbrinar si la carn fermentada és menys pesant que la carn fresca. En èpoques molt més recents, alguns químics eminents varen estudiar, entre d'altres coses, els processos que s'amagaven darrere de l'obtenció del millor brou de carn –el que en anglès anomenen *meat stock*. Entre ells hi havia Lavoisier, el pare de la química moderna.

This i altres col·legues s'han dedicat a estudiar nombroses receptes i consells culinaris tradicionals. Alguns requereixen poc temps d'estudi –This afirma que l'any 2001 una inspectora d'ensenyament explicava, en un acte públic, que la maionesa se li tallava si, quan la preparava, tenia la menstruació, cosa força senzilla de validar o refutar. D'altres obliguen a fer proves, que poden revelar-se falses o certes. I, en aquest cas, poden donar lloc a millores o a facilitar les coses.

This en posa un exemple. És ben coneguda per la majoria de químics la raó per la qual moltes fruites o verdures tallades es tornen fosques i desllueixen la presentació. Això s'explica perquè, si les tallem, facilitem l'acció d'uns enzims anomenats *polifenoloxidases*, que actuen sobre els polifenols. En el procés es formen quinones, que acaben produint les substàncies responsables de l'enfosquiment de la fruita o verdura. El suc de llimona ho evita –proveu de posar-ne damunt d'una poma tallada i veureu com eviteu que s'enfosqueixi o, almenys, n'atenuareu l'efecte. L'àcid ascòrbic que conté la llimona evita l'acció dels enzims. Però, si diem que utilitzem suc de llimona, tot sembla molt més natural que si diem que fem servir àcid ascòrbic. No ho pensa així, òbviament, This. I tampoc el cuiner Alain Ducasse, que en un llibre proposava utilitzar directament àcid ascòrbic per evitar que les carxofes s'ennegreixin.

Podríem reproduir moltes explicacions científiques de This. Probablement, la majoria fan referència a consells tradicionals. Així, es pregunta per què els antics llibres de cuina recomanaven bullir la mongeta tendra amb cendres de llenya. Com que no és assequible per a gaire gent recollir cendres de la llar de foc, dissoldre-les, filtrar-ne el líquid i posar-lo a l'olla amb les mongetes, This explica la raó que això funcioni i en dóna una altra alternativa.

Les cendres de la llenya contenen hidròxid de potassi (KOH), que és molt bàsic. Això li dóna avidesa per l'hidrogen de l'aigua. Un cop l'ha captat, aquest ja no pot reaccionar amb la clorofil·la, la substància que dóna el color verd als vegetals. Per això, la clorofil·la es manté estable i el color verd també. Si, a l'aigua, hi posem un àcid –vinagre, suc de llimona-, hi hauria molt hidrogen lliure que podria captar la clorofil·la i les mongetes esdevindrien grogoses. Un cop coneixem el procés, podem substituir les cendres amb una altra substància bàsica, com ara bicarbonat.

No totes les explicacions ni els processos són tan senzills. I no sempre podem arribar a una conclusió clara. Molts grans cuiners discrepen sobre el moment de salar un filet de carn: abans, a la meitat, cap al final? Els experiments que han fet els gastrònoms moleculars assenyalen que les diverses peces de carn es comporten de manera diferent. I també han constatat que la sal penetra molt poc en la carn torrada. Amb raigs X i un microscopi electrònic, han vist que no s'hi endinsa més de 3 mil·límetres. Per tant, salar-la cap al final de la cocció no facilita que el condiment penetri gaire endins.

Però, a part d'explicar, la gastronomia molecular també ajuda a crear. Es tracta de descobrir com es poden estabilitzar determinades emulsions o trobar les millors textures o processos més eficients o ràpids. Que la cuina té molt de química no és res nou. Ja es deia al segle XVIII, com ho demostra la cita de l'innovador cuiner francès François Marin que encapçala el capítol. Té molt de química i té molt de física –i no hauríem d'oblidar la biologia. La coneguda esferificació, de Ferran Adrià, és aprofitar un mètode utilitzat en bioquímica per aplicar-lo a la cuina. Es tracta de preparar l'aliment que volem esferificar en forma líquida i barrejar-lo amb alginat sòdic. Aquest compost és una sal de l'àcid algínic, un polímer viscós que es troba a les parets cel·lulars de les algues brunes. Una cop feta la barreja, s'hi afegeix clorur càlcic i es formen unes petites esferes que contenen al seu interior el menjar que hem volgut esferificar.

Adrià és un dels grans cuiners que investiga nous plats, nous processos, noves presentacions de forma científica. I no tan sols això. La Fundació Alícia (Alimentació i Ciència, www.alicia.cat), que ell va contribuir a crear, no només investiga aquests processos fisicoquímics, sinó que també es preocupa de problemes de nutrició, de com difondre una alimentació més sana, de com proporcionar dietes equilibrades i més atractives a persones amb intoleràncies o que pateixen determinades malalties.

És cert que la mala imatge de la química provoca reticències sobre la seva associació amb la cuina. Acostumats a sentir o a llegir que *químic* i *natural* són termes antitètics –cosa que intentem desmentir en aquest llibre–, qualsevol incursió d'aquesta ciència en el món gastronòmic pot ser vista amb recel. Però separant els judicis purament culinaris –si els plats agraden o no agraden–, no hi ha dubte que la química contribueix a obrir nous camins a la gastronomia.

This en cita alguns exemples, que a més s'han batejat amb noms de químics famosos. Així, podem prendre una clara d'ou, afegir-hi una mica d'aigua i batre-la. D'aquesta forma produirem més escuma de la que es forma normalment en aquesta operació –de fet, la clara d'ou és aigua en un 90%. Introduïda en un microones, l'escuma es gelifica. Si, en comptes d'aigua, hi posem suc de taronja i hi afegim sucre, obtindrem un plat anomenat Vauquelin, en honor d'un dels professors de Lavoisier. Pot agradar més o menys que la química ajudi a cuinar, però no es pot negar que la recerca en gastronomia molecular pot ser molt saborosa.

En el món del maridatge cuina-ciència, hi ha un altre nom destacat: Shirley Corriher, una bioquímica nord-americana. Quan tenia 24 anys va obrir una petita escola amb el seu marit. Allà, una de les seves funcions era cuinar per als alumnes. L'escola va créixer i la seva feina culinària va augmentar. Finalment, es va divorciar i, per mantenir els seus tres fills, va haver de fer classes de cuina. Aviat va demostrar que la seva formació científica li permetia deduir què havia fallat quan una cosa havia anat malament. Poc després, ja escrivia llibres en què exposava com es podien aplicar els principis de la ciència per obtenir millors resultats. Com ella diu, "la cuina és química. Bàsicament, són reaccions químiques."

I per això pot explicar com fer madurar una fruita en poques hores. Se sap que el gas etilè ($CH_2=CH_2$) s'emet durant el procés de maduració de la fruita. I també se sap que algunes fruites n'emeten més que d'altres. Si agafem una poma i la posem en una bossa de paper amb una fruita que vulguem fer madurar de pressa –un plàtan verd, per exemple– l'etilè emès no podrà escapar i accelerarà la maduració. Això també s'ha de tenir en compte si posem diverses fruites juntes en un bol: l'etilè pot acabar fent-ne malbé algunes.

Si anéssim explicant petits trucs d'aquesta mena, no acabaríem mai. N'hi ha moltíssims de catalogats per persones com McGee, This i Corriher, però a més se'n continuen investigant. I alguns donen pautes senzilles per a una alimentació més sana. Així, se sap que marinar la carn abans de fer-la a la graella o de fregir-la disminueix els nivells d'amines heterocícliques (HAs), uns compostos amb poder cancerígen. Les temperatures elevades transformen els sucres i els aminoàcids dels teixits de la carn en HAs. Una precaució pot ser deixar la carn crua a temperatura ambient una estona i no preparar-la de seguida que la traiem de la nevera. Així, si està menys freda també la podrem coure a menys temperatura o menys estona.

Marinar el pollastre amb oli d'oliva, suc de llimona o all permet reduir de molt les HAs quan el fem a la graella, mentre que el vi negre fa el mateix si hem de fregir la carn. Recentment, Isabel Ferreira i els seus col·legues de la Universitat de Porto (Portugal) han estudiat els efectes de

9/ Les amines heterocícliques (HAs) són compostos amb poder cancerigen que es produeixen si la carn es cou a temperatura elevada. Una forma de reduir-ne els nivells és marinar la carn abans de fer-la a la graella o de fregir-la.

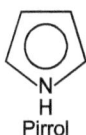

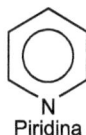

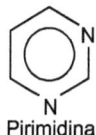

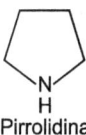

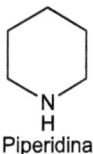

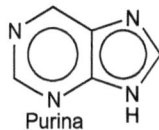

Pirrol Piridina Pirimidina
Pirrolidina Piperidina Purina

marinar amb cervesa o amb vi negre la carn vermella. Marinant-la sis hores, els nivells d'alguns tipus d'HAs es redueixen un 90%. El mecanisme, suggereix és que els sucres del vi i de la cervesa retenen aigua i eviten que molècules hidrosolubles de la carn arribin a la superfície, on l'escalfor elevada les transformaria en HAs.

AL VOSTRE GUST

Dolç, salat, àcid i amarg són els quatre sabors bàsics, que gairebé tothom pot identificar amb facilitat. Qui devia ser el primer a descobrir-los? El fet deu estar perdut en la història. Però hi ha un cinquè sabor bàsic del qual coneixem la persona que el va identificar i podem explicar com ho va fer. Es tracta de l'umami, tan poc popular que no sempre se'l cita quan enumerem els sabors existents. Detectar-lo no és fàcil i descriure'l, menys. Ja ho deia el seu descobridor, el químic japonès Kikunae Ikeda: un paladar atent detectarà un matís comú en espàrrecs, tomàquets, formatges o carns, un matís diferent al dels quatre sabors clàssics.

Ikeda era professor a la Universitat Imperial de Tokio. Va voler investigar el *dashi*, un brou que serveix de base a molts plats de la cuina japonesa. Per esbrinar si allà hi havia un nou sabor –tal com ell pensava–, va aïllar la substància responsable del gust de l'ingredient bàsic del *dashi*, l'alga *Laminaria japonica*. Després de diverses etapes va aïllar un compost anomenat àcid glutàmic, que va considerar com a responsable del sabor. Ikeda va donar nom a aquell nou gust: umami, derivat del japonès *umai*, "deliciós".

El treball, publicat l'any 1909 en japonès, no va ser acollit amb gaire entusiasme. Però, a partir dels anys vuitanta del segle passat, es va començar a investigar a gran escala. Es va veure que el responsable de l'umami era, en realitat, un aminoàcid anomenat *glutamat*, sal de l'àcid glutàmic. Se l'ha relacionat amb trastorns alimentaris, i fins i tot s'ha parlat de "la síndrome del restaurant xinès", però sembla que, si no se'n prenen quantitats molt grans no provoca problemes importants.

La prova definitiva que va situar l'umami com un sabor bàsic va ser el descobriment, l'any 2000, de receptors que transmeten el senyal. La substància causant d'un sabor activa uns receptors específics a la llengua –tornarem a aquest tema més endavant. Amb el descobriment i la caracterització del receptor que responia a l'estímul del glutamat, quedava demostrada la proposta d'Ikeda i l'umami passava a ser considerat un sabor diferent, amb tots els drets.

Posteriorment, es van descobrir altres receptors de l'umami, per bé que, com el primer, no eren totalment específics i necessitaven també altres aminoàcids. El primer receptor de la llengua exclusiu per al glutamat el va descobrir l'any 2009 l'equip d'Ana San Gabriel, de l'Institut de Ciències Naturals d'Ajimoto, a Kawasaki. Si més no en els altres receptors, el sabor es potencia quan juntament amb el glutamat ingerim determinats ribonucleòtids com l'inosinat (IMP) o la guanosina monofosfat (GMP). Aquests compostos, que deriven del sucre ribosa, intensifiquen molt l'umami. La recerca sobre l'acció d'aquestes i altres substàncies sobre els receptors és molt important, perquè permet dissenyar, per exemple, la síntesi de molècules que tinguin poder edulcorant sense aportar calories i sense causar efectes secundaris adversos.

La percepció del sabor és un procés complex. La llengua té receptors per a cada sabor, però no tots els que els detecten són iguals. En tot cas, les molècules que causen el sabor activen uns receptors determinats i aquests envien un senyal al cervell, que el processa. Finalment, tenim consciència d'un determinat sabor. Les substàncies que activen els receptors són molt específiques, tot i que n'hi ha d'altres que, per processos encara no ben coneguts, intensifiquen determinats sabors.

Hi ha dos models sobre el senyal que la llengua envia. Un proposa que cada receptor de la llengua envia el missatge al cervell. Tindrien una línia directa. Un segon model afirma que hi ha un segon grup de cèl·lules de la llengua que reben informació de diversos receptors i la processen abans d'enviar-la al cervell. Aquest segon model és més complex, però permetria homogeneïtzar una mica les sensacions quan hi ha diversos sabors implicats.

La recerca sobre els receptors permet saber quines substàncies els causen i alguns dels seus efectes. Així, podem explicar per què alguns pebrots semblen "cremar" a la boca. La seva picantor està produïda per una substància anomenada capsaïcina. A més d'activar receptors del gust, també activa uns receptors que alerten sobre l'escalfor excessiva d'un menjar. Per això, el cervell rep un missatge que l'alerta: això crema. Hi ha persones que es deleixen per aquesta doble sensació. A aquestes, els pot anar bé conèixer l'escala de Scoville. La va crear l'any 1912 un químic americà anomenat Wilbur Scoville. Les unitats en què es mesura la picantor són les SHU, abreviatura de Scoville heat units o unitats de calor de Scoville, que en realitat assenyalen, de forma indirecta, la concentració de capsaïcina. Un pebrot Jalapeño té entre 2.500 i 8.000 SHU, però s'ha descobert que algun xili supera el milió d'unitats.

Quan prenem un pebrot picant, la sensació de cremor dura molta estona, fins i tot si bevem aigua. La raó és que la capsaïcina és gairebé del tot insoluble en aquest líquid. Per atenuar el sabor, hem de prendre líquids que continguin greixos, com ara llet. En canvi, la picantor de la mostassa o del cada vegada més famós rave japonès (wasabi) prové de l'isotiocianat, lleugerament hidrosoluble. En aquest cas, beure aigua ja serveix per esmorteir el sabor. La percepció del sabor, com hem dit, és un procés complex. No implica només el sentit del gust, sinó també l'olfacte. Algunes substàncies responsables d'un sabor determinat són més o menys volàtils i també activen receptors nasals. L'olfacte no és només un complement, sinó sovint un element bàsic. Per això, persones amb problemes d'olfacte no perceben amb tota claredat o intensitat alguns sabors.

Tot plegat fa que intentar imitar de forma artificial aquest sistema sigui difícil. Tanmateix, s'han fet força avenços en aquest sentit. Amb l'ús de receptors obtinguts per biotecnologia, s'han creat sistemes capaços d'analitzar milers de substàncies cada dia. Incorporen unes molècules que reaccionen si una substància té, posem per cas, poder d'endolcir i que, a més, ho fan de forma proporcional a la intensitat del sabor. D'aquesta manera es poden descobrir substàncies que potser en un futur siguin utilitzades per la indústria. Poden ser edulcorants, però també poden intensificar altres sabors –com el salat– o poden emmascarar el sabor amarg –i ser utilitzats, per exemple, en medicines.

SECRETS VITÍCOLES

Als romans els encantava el vi i en prenien en grans quantitats. Ho feien sobretot les classes altes i dirigents. I potser això va afavorir la caiguda de l'imperi. No perquè l'alcohol se'ls pugés al cap –que potser també–, sinó perquè el vi portava quantitats de plom que causaven deteriorament mental. Aquesta tesi la va proposar l'any 1982 un investigador canadenc expert en contaminació per metalls pesants, Jerome Nriagu, i, naturalment, ha estat molt controvertida.

Els processos històrics no tenen causes simples. Per això, no es pot explicar la fi de l'imperi Romà simplement perquè els qui havien de gestionar-lo van començar a beure vi i a introduir plom a l'organisme. Tot i així, tampoc no s'ha de descartar que això, junt amb altres fets, tingués relació amb la decadència dels romans i amb el comportament extravagant –per dir-ho de forma suau– d'alguns emperadors.

El vi es podia prendre tal qual, però també se solia reduir escalfant-lo en recipients de plom –els de coure li donaven mal gust. Segons el temps de cocció, s'obtenia *sapa, defrutum o caroenum*. Podien ser beguts però, com que tenien poder edulcorant, també s'utilitzaven per cuinar. El problema era que la substància edulcorant era, bàsicament, acetat de plom, que s'havia produït durant el procés d'escalfament. En ocasions, també afegien plom al vi per conservar-ne el color i el buquet.

Nriagu calculava que les classes altes absorbien amb el vi un 60% del plom que assimilava el seu organisme. L'aristocràcia n'absorbia uns 250 mil·lígrams diaris, molt per sobre de les quantitats considerades segures —no més de 40 mg/dia. Per sota d'aquest límit, es mantenien les classes baixes, ja que no tenien accés tan fàcilment al vi i els seus derivats.

Nriagu troba en el plom una de les causes principals de l'esfondrament intern de l'imperi —Roma va caure tant per les invasions com per l'afebliment econòmic i social al seu interior. Malgrat les dades que aporta, aquesta s'ha considerat una tesi massa simplista. Tanmateix, Nriagu l'ha seguit defensant. Però s'ha de reconèixer que els seus advertiments sobre el plom estan plenament justificats. Potser no va fer caure l'imperi, però no seria estrany que el plom hi hagués contribuït i, en tot cas, la contaminació per aquest metall és un fet preocupant. El plom s'ha utilitzat molt en pintures i també era present en la gasolina. Aquell primer ús pràcticament s'ha eliminat i el segon ha desaparegut en la majoria de països, però no en tots. Per això s'han produït casos d'intoxicació per l'ús de joguines que encara l'incorporen. També s'ha vist que els nivells alts de plom estan relacionats amb alguns problemes de salut o de comportament, o amb dificultats d'aprenentatge.

Altres metalls ajuden a controlar la qualitat del vi. Sembla que l'enginy no té límits i les anàlisis químiques ofereixen un gran ventall d'aplicacions. Hem de ser justos i reconèixer que el mètode que explicarem no és obra d'un químic, sinó d'un físic. Hervé Guégan, del Centre d'Estudis Nuclears a Bordeus, devia sentir-se inspirat per l'ambient vinícola de la regió i va pensar en un sistema per esbrinar si un determinat vi es corresponia amb l'any de collita i el seu lloc d'origen. Per fer-ho, es va dedicar a bombardejar l'ampolla amb protons de baixa energia. Això provocava una emissió de raigs X, que presentaven un espectre —una distribució de les longituds d'ona de la llum- diferent segons els metalls presents al vidre. Així es podia saber si una ampolla tenia un metall o un altre. I, com que el vidre s'ha fabricat amb mètodes diferents en èpoques i llocs diversos, el sistema ofereix una dada per validar l'any del vi. Així, les ampolles fetes a França abans de l'any 1957 tenen magnesi, però no crom. Un vi de 1956, posem per cas, hauria d'estar en una ampolla amb magnesi i no amb crom. El contrari revelaria un frau.

És clar que l'ampolla no indica l'any exacte, perquè qui el va embotellar podia haver comprat l'envàs un any o més abans. Però sí que ajuda a descartar opcions, perquè és segur que no hauria comprat l'ampolla dos anys després —i encara menys l'hauria canviat d'envàs!

Régis Gourgeon és un químic de la Universitat de la Borgonya que investiga a l'Institut de la Vinya i el Vi. L'any 2009 va publicar un estudi, junt amb els seus col·legues, en què proposava un sistema per identificar el tipus i l'origen de la fusta amb què s'han fet els barrils on el vi ha envellit, i també per esbrinar quina influència ha tingut en aquest procés. Les anàlisis químiques fetes amb vins que tenen fins a deu anys d'edat permeten identificar el tipus de fusta i el bosc d'on provenia.

Aquest estudi i d'altres estudis ajuden a identificar determinats components i a relacionar-los amb l'origen del raïm i el de la fusta, o amb el procés i el temps de maduració. I tot això pot ajudar a millorar el procés de producció i a obtenir vins de més qualitat. De vegades, es parla d'un vi "que no té química". Després de tantes pàgines, no crec que calgui estendre's massa en l'absurditat d'aquesta afirmació –un vi sense química no té ni tan sols alcohol etílic i, per tant, és un vi inexistent. En tot cas, el que es pretén és ressaltar un procés totalment natural. Però, per molt natural que sigui, el vi continuarà tenint una gran diversitat de compostos químics, i conèixer-los millor i poder controlar-ne les concentracions pot dur a productes de major qualitat. Per això, no hi pot haver un vi sense química; a més, la química pot ajudar a obtenir vins millors.

6

VIATGES AL PASSAT

"Què tenen en comú l'exèrcit de terracota de la Xina i la reputació dels vins francesos? La resposta és que tots dos deuen la seva continuada existència, si més no en part, als químics".

Julia Pierce

Alguns fragments de diverses mòmies egípcies varen fer un llarg viatge: des del seu país d'origen fins al Centre de Recerca en Biogeoquímica de la Universitat de Bristol (Anglaterra). I els investigadors Stephen A. Buckley i Richard P. Evershed varen realitzar, gràcies a la química, un llarg viatge al passat, fins a l'any 1900 a.C.

De fet, les mòmies ja havien fet anteriorment el trajecte des d'Egipte, perquè es trobaven –i es troben- exposades a diversos museus del Regne Unit. Els dos químics varen aprofitar-les per extreure'n trossets molt petits, mostres ínfimes, tant del cos com dels teixits. Mètodes d'anàlisi com la cromatografia o l'espectroscòpia de masses permeten identificar substàncies diverses amb molt poca quantitat de matèria.

En total, varen analitzar 13 mòmies. Les més antigues eren de la XII dinastia –cap al 1900 a.C.– i les més modernes eren de l'època grecoromana –cap a l'any 395 de la nostra era. Així, estudiaren des del període anterior a l'apogeu de l'embalsamament –que es va produir entre els anys 1350 i 1110 a.C.- fins al moment en què aquesta pràctica ja mostrava un declivi.

L'objectiu dels dos químics era estudiar millor les substàncies utilitzades en el procés de momificació. Ja se sabia que els egipcis feien servir el natró –una sal natural formada per diverses sals de sodi en diferents proporcions– per dessecar el cos. Però calien compostos orgànics per conservar el cos momificat. Com que els momificadors eren zelosos dels seus mètodes, no hi ha gaires testimonis directes del procediment. Per tant, res millor que aprofitar les tècniques d'anàlisi química per comprovar què s'utilitzava en aquest art tan valorat a l'antic Egipte.

Els principals productes que hi van trobar eren derivats d'olis animals i greixos vegetals. El propi cos, en degradar-se, podia produir alguns greixos. Però, en el cas dels vegetals, era obvi que havien estat utilitzats per conservar el cos. Els compostos detectats es troben molt estesos en el món de les plantes, però d'altres substàncies descobertes pels dos científics donaren noves claus. Així, alguns compostos anomenats *diterpenoides* demostraven que s'havia utilitzat resina de coníferes. Ja s'havien fet servir en les mòmies més antigues, però el seu ús es va incrementar amb el temps. Els dos autors proposen que els embalsamadors devien conèixer el poder de la resina per aturar la degradació microbiana.

Molt després de fer servir la resina, els momificadors van utilitzar la cera d'abelles, detectada per la presència d'alcans –hidrocarburs lineals saturats– i èsters –que procedeixen de la reacció entre un àcid orgànic i un alcohol. La cera també es devia fer servir per raó de les seves propietats antibacterianes. Aquí Buckley i Evershed fan una incursió en l'etimologia. La paraula *mòmia* prové del persa *mumiya*, que designava una substància bituminosa que alguns viatgers confongueren amb la resina que cobria els cossos. D'aquí va passar a denominar els mateixos cossos embalsamats. Però els autors recorden que, en copte –idioma derivat de l'antic egipci–, "cera" es deia *mum*. Tanmateix, l'etimologia més acceptada és la de l'origen persa i, quant a la resta, hi ha diverses interpretacions. El fet que els investigadors no hagin trobat en les seves anàlisis betums naturals no anul·la la versió que proposa una confusió dels viatgers perses i l'expansió de la paraula *mumiya*, adaptada després a altres llengües.

En tot cas, conèixer els compostos utilitzats permet deduir la tècnica emprada i també datar les mòmies, ja que algunes substàncies s'utilitzaren més o s'utilitzaren menys en determinades èpoques. A més, els dos químics prosseguiren les seves recerques, i l'any 2004 –tres anys després d'aquest primer estudi– varen demostrar que molts animals rebien el mateix tractament que els humans.

Durant el regnat del faraó Amenhotep III –que governà al segle XIV a.C.– es va incrementar la popularitat de les mòmies de mamífers, ocells i rèptils. Se'n varen produir milions, probablement, en part, perquè el procés era més barat i senzill que en el cas de les persones. Alguns animals es consideraven representacions dels déus i els dos químics varen descobrir, a través del mateix tipus d'anàlisis utilitzades anteriorment, que s'havien fet servir productes semblants als que s'havien utilitzat amb les persones, com ara greixos, olis, cera i resines. I, com en el cas dels humans, també hi varen trobar compostos que indicaven l'ús de resina de festuc (*Pistacia*).

Altres estudis han donat dades interessants sobre els processos de momificació. Així, es creu que part del natró utilitzat en un cadàver podia ser reutilitzat en d'altres –l'objectiu era estalviar, perquè cada cos requeria 200 quilos de sal. Algunes mòmies presenten algunes parts mal preservades, amb unes bandes rosades. Les mateixes bandes s'observen en mostres de natró obtingudes actualment a Wadi Natrun, a la zona de desert situada a l'oest del Caire. Les bandes són degudes a l'acció d'un bacteri anomenat, significativament, *Natromonas pharaonis*, resistent al natró, del grup dels extremòfils –capaços de viure en condicions extremes. L'ús de sal en més d'un cadàver podia afavorir processos de contaminació amb aquest bacteri.

Anàlisis químiques fetes per altres investigadors donen claus sobre mòmies encara més antigues que les egípcies. A la vall del riu Camarones, al nord de Xile, s'han trobat mòmies amb una antiguitat d'uns 6.800 anys, fetes pel poble de Chinchorro. Una de les descobertes més intrigants era que n'hi havia de nens molt petits, com ara un de només sis mesos, amb una màscara d'argila. En altres pobles, la momificació es reservava a les elits. I els *chinchorros*, una societat senzilla de caçadors i pescadors, no eren els candidats ideals per pensar en un procés semblant reservat a nens.

L'antropòleg Bernardo Arriaza, de la Universitat de Tarapacá (Xile), tenia una hipòtesi: les mòmies de nens molt petits, amb la màscara per recordar les seves faccions, eren una resposta emocional davant d'una elevada mortalitat infantil deguda a enverinament per arsènic. Arriaza es basava en processos semblants produïts en aquella zona en èpoques molt més recents. A Antofagasta, una província xilena, la mortalitat infantil va augmentar, entre 1958 i 1965, un 24% a causa de l'arsènic. Aquest element tòxic es presenta de forma natural en algunes formacions geològiques i les pluges l'arrosseguen per rius que abasteixen d'aigua algunes comunitats.

Per demostrar la seva hipòtesi, Arriaza va recollir mostres de 46 mòmies "*chinchorras*" i d'altres llocs on l'aigua contenia una concentració d'arsènic superior als límits recomanats per l'Organització Mundial de la Salut (OMS). Les anàlisis es van fer al Hampshire College de Massachusetts i van mostrar unes concentracions molt elevades. La mitjana era de 37,8 micrograms per gram, molt per sobre del marge d'entre 1 i 10 micrograms per gram considerats indicadors d'enverinament per arsènic. Això no permet deduir que les mòmies fossin creades per grups de pares molt afectats per aquesta intoxicació massiva de nens d'un o dos anys, però sí que dóna consistència i versemblança a la hipòtesi d'Arriaza.

LES LLETRES PARLEN

A l'edat mitjana, el mercuri s'utilitzava en el tractament de la lepra i en el de la sífilis. Què feia aquest element en els ossos de monjos danesos que no havien patit cap de les dues malalties, tal com es deduïa de l'estudi dels seus cossos? Kaare Lund Rasmussen, de la Universitat del Sud de Dinamarca, i el seu equip van analitzar ossos de persones que varen viure a l'edat mitjana i que estaven enterrades a sis cementiris diferents del país nòrdic. L'estudi mèdic –que cercava signes de malaltia en els ossos– i analític va mostrar que, en el 79% dels casos de lepra i en el 40% dels casos de sífilis, s'havien utilitzat medicines que contenien mercuri.

Però el mercuri també estava present en els ossos de diversos monjos enterrats a l'abadia cistercenca d'Øm, que no mostraven signes d'haver patit ni una malaltia ni l'altra. En canvi, el metall no es detectava en els ossos dels frares enterrats al convent franciscà de Svendborg. D'on provenia el mercuri que, probablement, els havia provocat una intoxicació progressiva? Se sap que el peix era molt important en la seva dieta, però si bé ara aquest aliment conté concentracions de mercuri que no fan recomanable consumir-lo diàriament, la situació devia ser diferent fa uns quants segles. També pot ser que els monjos s'intoxiquessin preparant medicines basades en mercuri.

Però Rasmussen i el seu equip s'inclinaren per la hipòtesi que el mercuri provenia de la tinta que els monjos utilitzaven per acolorir les bíblies que copiaven a mà. Devien fer servir el cinabri –un mineral que conté mercuri–, pel seu color vermell brillant. Els dits bruts de cinabri i la manca d'higiene o de precaucions devien fer que a poc a poc ingerissin un metall que els va provocar un lent enverinament. Un argument a favor de la tesi és que s'han trobat restes de cinabri en altres manuscrits antics.

Estudis com aquest relacionen un material utilitzat per decorar bíblies medievals amb una probable intoxicació dels monjos que l'utilitzaven. En molts casos, l'estudi d'incunables o de manuscrits antics no van tan enllà, però serveix per assenyalar quins pigments o tintes s'utilitzaven. Un cas recent és el del llibre de Kells, un manuscrit molt antic, redactat en llatí per monjos celtes cap a l'any 800, que es conserva a la biblioteca del Trinity College de Dublín.

Entre el 2004 i el 2006, investigadors del Trinity College varen estudiar la composició dels pigments utilitzats en aquesta obra extraordinàriament ornamentada. Van fer-ho amb l'anomenada espectroscòpia Raman, una tècnica no invasiva que consisteix a fer incidir un feix de llum –en aquest cas, làser- i observar la forma com la radiació lluminosa és dispersada. Cada compost químic la dispersa de manera diferent, i així es pot deduir –amb una anàlisi molt més complexa del que sembla quan ho expliquem de manera tan resumida- quines substàncies es van utilitzar.

En total, es van analitzar 681 punts dels 4 volums de l'obra. Això va permetre identificar pigments molt diversos, utilitzats per obtenir colors concrets: indi per al blau, plom vermell per al vermell ataronjat, orpiment –mineral compost per sulfur d'arsènic- per al groc; "vergaut" –barreja d'indi i orpiment– per al verd; carbó i una tinta feta amb sals de ferro i sals vegetals per al negre, i guix per al blanc. També es creu que s'utilitzava orceïna –un colorant extret dels líquens- per al color porpra.

Aquestes anàlisis són molt importants, no tan sols per estudiar el procés d'elaboració d'aquests manuscrits, sinó també per a la seva restauració. Saber quins pigments es van utilitzar evita fer servir substàncies que els puguin malmenar i també permet estudiar processos de restauració que imitin, amb la màxima exactitud, els materials emprats.

Tècniques com l'espectroscòpia Raman permeten fer les anàlisis sense alterar, ni tan sols mínimament, els originals. Hi ha, altres formes d'anàlisi que permeten detectar la presència d'alguns elements químics concrets. Això dóna lloc a recerques encara més sofisticades: tot i que no es distingeixin a ull nu, ni tan sols amb lupes, alguns caràcters que semblen esborrats pel temps potser no han marxat del tot. L'anàlisi química permet detectar si queden traces de l'element utilitzat. Les lletres, aparentment, han desaparegut, però la mirada potent dels instruments químics arriba a observar-ne les petites restes. Esbrinant els punts on es troben aquestes restes, es pot resseguir el perfil de lletres o de paraules senceres. La química permet redescobrir frases que s'havien tornat invisibles!

ELS COLORS DEL PASSAT

Cossos de nens, d'entre 6 i 12 anys, als quals s'havia extret el cor, que després s'havia dipositat a part. Així són les restes humanes que revelen molts dels sacrificis que els maies realitzaren durant alguns segles a Chichén Itzá, un dels jaciments arqueològics més importants de la península del Yucatán, a Mèxic. Allà, aproximadament entre els segles x i xv de la nostra era, aprofitaren unes cavitats naturals anomenades "cenotes". Quan l'aigua dissol el sostre d'una cova, es forma una cavitat anomenada dolina. Si la cova tenia aigua es forma un cenote. Els cenotes són, doncs, grans cavitats inundades. El que els maies utilitzaren per fer sacrifics a Chichén Itzá s'anomena el Cenote Sagrat.

En aquell forat, s'hi llençaven no tan sols els cossos dels humans sacrificats –sovint nens, moltes vegades adults joves, de tant en tant donzelles o presoners–, sinó també objectes diversos, com ara peces de fusta, de jade, de cautxú... Abans de llençar-los, molts eren pintats amb un color conegut ara com a blau maia.

Aquest pigment va sorgir cap al segle v i la seva qualitat l'ha fet objecte d'estudis apassionants, tal com havia passat amb el blau egipci. Aquest darrer es considera el primer pigment sintètic i revela uns coneixements tècnics força sofisticats per a l'època. Va aparèixer cap a l'any 2500 a.C. i va ser utilitzat ben bé fins al segle iv de la nostra era. Aquest llarg període d'ús ja diu molt sobre la seva qualitat.

El blau maia és també un pigment viu i resistent. Es va fer servir per pintar ceràmiques, escultures i murals. Fins als anys seixanta del segle passat no es va saber que s'obtenia amb una barreja de substàncies d'origen vegetal i mineral. Va ser H. van Olphen qui va suggerir que es tractava d'una barreja del pigment de l'indi –*Indigofera suffruticosa*– amb una argila blanca anomenada *paligorsquita* o *attapulgita* –el primer nom deriva d'un indret dels Urals, mentre que el segon prové d'una població de l'estat nord-americà de Geòrgia. Llavors encara no s'havia descobert cap dipòsit d'attapulgita, però finalment se'n va trobar en un cenote pròxim a unes ruïnes maies. Dean Arnold, del Wheaton College d'Illinois (Estats Units) i el seu col·lega B. F. Bohor van calcular que d'aquella mina s'havien extret de 300 a 600 metres cúbics d'argila.

Per les seves característiques, el seu extens ús, el seu sentit sagrat i la probable complexitat del procés d'obtenció, el blau maia ha estat objecte, des d'aleshores, de noves recerques. Arnold mateix ha continuat aportant dades sobre altres localitzacions d'on es devia extreure l'attapulgita. Junt amb Gary Feinman, del Field Museum de Chicago, varen proposar l'any 2008 que hi havia un tercer ingredient en l'elaboració del pigment: el copal, una resina vegetal utilitzada com a encens sagrat. Per als dos autors, aquesta substància podia ser la que permetia unir els altres dos ingredients en un producte molt estable i resistent. Podria ser el copal allò que permetia que el color viu del blau maia fos tan perdurable, en comparació de molts altres pigments naturals.

Les anàlisis químiques són un ajut molt valuós per als historiadors de l'art i per als restauradors. Cal conèixer bé els pigments d'una obra per planificar la seva conservació o restauració. Un exemple el tenim en l'exèrcit de terracota descobert a la Xina l'any 1974. Hi havia més de

1.500 soldats de mida natural al mausoleu de l'emperador xinès Qin Shi Huang Di.

Quan van ser desenterrats, alguns conservaven el color, però aleshores va començar un procés preocupant de pèrdua de pigments, que les condicions del subsòl havien evitat, especialment la humitat, durant més de dos mil anys. Investigadors de la Universitat de Munic (Alemanya) van descobrir, finalment, que un tractament amb hidroxietilmetacrilat (HEMA), una substància soluble en aigua i que, per tant, podia penetrar en la capa humida de les figures, les protegia. L'HEMA penetrava en la laca que recobria les estàtues i les molècules s'enllaçaven formant un polímer estable que no perjudicava els pigments.

Treballant junt amb els investigadors alemanys de la Universitat i de l'Oficina de Conservació de Baviera, químics xinesos també han aconseguit determinar que alguns dels pigments s'havien sintetitzat a partir de pedres precioses com l'azurita i la malaquita. També van elaborar un altre tractament amb polietilè glicol (PEG), que pot penetrar pels petits porus de la laca que cobreix les estàtues i substituir les molècules d'aigua que s'haurien evaporat, mentre l'HEMA mantenia la laca unida a l'argila.

Les anàlisis també ajuden a datar algunes obres, a atribuir o descartar autories o a revelar secrets de la història de l'art. Així, una anàlisi de pintures trobades a la regió afganesa de Bamiyan, que daten del segle VII, ha permès descobrir l'exemple més antic de pintures a l'oli conegut fins ara. Es troben en unes coves on va viure, durant segles, una població important de monjos budistes.

Aquest estudi es va fer amb l'anomenada *radiació de sincrotró*. En els acceleradors de partícules, aquestes grans màquines que porten els àtoms a velocitats properes a la de la llum, es perd energia. Les partícules accelerades són desviades per camps magnètics i obligades a fer un recorregut circular. I aquests revolts forçats els fan perdre energia en forma de radiació. Per als físics atòmics, això pot ser una pèrdua molesta, però aviat es va veure que aquesta radiació podia servir per estudiar la matèria d'una altra forma. La radiació de sincrotró esdevé un feix molt fi que es pot fer incidir en un material i que proporcionarà molta informació sobre la seva estructura i composició. Per això, s'han construït sincrotrons dissenyats expressament per produir aquesta radiació. En el cas de les pintures de l'Afganistan, gràcies a aquest procés es van descobrir diverses capes on hi havia pigments dissolts en olis dessecats de nous i de llavors de rosella. També hi trobaren resines naturals i proteïnes que indicarien l'ús d'ous o de cartílags d'animals bullits.

La pintura a l'oli no va ser inventada, com de vegades es diu, al segle XV per Jan van Eyck, però sí que aquest pintor flamenc va utilitzar-la per donar als seus quadres uns colors vistents com no s'havien vist fins aleshores.

Estudis duts a terme amb el sincrotró per Trinitat Pradell, Nati Salvador i Salvador Butí, de la Universitat Politècnica de Catalunya, han permès estudiar amb detall els tipus de pigments que es troben en pintures gòtiques del segle XV conservades al Museu Nacional d'Art de Catalunya (MNAC). Els científics varen extreure'n petites mostres, tot just d'un mil·límetre de costat, procedents de racons del quadre on la marca resulta pràcticament imperceptible, i les varen portar al sincrotró que hi ha a Grenoble (França). A L'aparició de la Mare de Déu a sant Francesc a la Porciúncula, una obra anònima, s'ha pogut detectar pintura a l'oli i, per tant, té influència flamenca.

Les anàlisis han permès saber que La Verge dels consellers, del valencià Lluís Dalmau, una de les obres mestres del gòtic català, fou feta amb les tècniques que Van Eyck utilitzava. També es va observar que la pintura gironina estava tècnicament molt avançada i que, en canvi, a Barcelona, la introducció va ser més lenta, com s'observa en Jaume Huguet.

Les obres d'art no sempre es poden traslladar. En aquest cas, el que es va dur a Grenoble eren petites mostres extretes dels quadres. El sincrotró ALBA, inaugurat el març de 2010 a prop de la Universitat Autònoma de Barcelona, farà que les peces o mostres no hagin de recórrer tants quilòmetres. Però l'ideal és dur l'instrument d'anàlisi al costat de l'obra, i això s'ha aconseguit gràcies a la miniaturització dels darrers anys. L'anomenada fluorescència de raigs X dispersiva en energia (EDXRF, en la seva sigla en anglès) ha estat utilitzada en anàlisi d'obres d'art des dels anys cinquanta, però darrerament s'han pogut fabricar aquestes sistemes amb una mida reduïda i portar-los al costat de l'obra que es vol estudiar. A més, amb aquesta tècnica no cal prendre mostres, perquè no és destructiva. A la banda negativa, hi ha la dificultat per detectar elements lleugers —de nombre atòmic inferior a 15-, el fet que detecta l'element però no assenyala els compostos de què formen part i, finalment, que només permet analitzar-ne les capes superficials. En tot cas, ajuda a deduir quin tipus de pigment es va utilitzar per obtenir determinats colors.

Una altra tècnica és l'emissió de raigs X induïda per partícules (PIXE, ens la seva sigla en anglès). Consisteix a bombardejar una petita part de la pintura amb un feix de protons. Els protons exciten —envien a nivells d'energia més elevats— els electrons dels àtoms dels pigments. Quan el feix s'atura, aquests electrons tornen al nivell energètic anterior i l'energia sobrant s'emet en forma de raigs X, amb longituds d'ona característiques de cada element present en el pigment.

D'exemples d'anàlisi d'obres d'art que han permès datar amb més precisió, confirmar autories o detectar fraus, n'hi ha moltíssims. Entre els més recents, hi ha el que es va fer públic a principi de 2007 sobre l'anomenat "tondo De Brécy". Es tracta d'una obra que representa una madona amb nen i que va ser adquirida l'any 1981 pel col·leccionista d'art George Lester Winward. El nom de l'obra es deu al fet que és una pintura de forma circular i que pertany a la fundacio De Brécy creada l'any 1995 per Winward.

Hi havia el dubte si l'obra era del pintor renaixentista Rafael, com pensava Winward atesa a la semblança que hi veia amb la *Madonna sistina* o si, com afirmaven a la galeria alemanya on hi ha aquesta segona pintura, el tondo era d'una època posterior. Les anàlisis fetes pel químic Howell Edwards, de la Universitat de Bradford (Anglaterra), varen aportar llum al debat.

L'estudi es va fer mitjançant una espectroscòpia Raman, que consisteix a fer incidir un feix monocromàtic de llum —en aquest cas, làser- i mesurar els febles canvis de freqüència que es produeixen i que són característics de cada material. Així es va observar que el groc del tondo s'havia obtingut amb un pigment anomenat *massicot* —òxid de plom—, molt popular durant el Renaixement, però que ja no es va utilitzar a partir del 1700. El quadre també presenta un aglutinant de midó, utilitzat en aquella època. Finalment, hi ha indicis de la presència del pigment blau tornassol, obtingut a partir de la planta *Crozophora tinctoria*. És cert que també s'hi va trobar blau de Prússia, utilitzat a partir del segle XVIII, però això pot ser degut a algun retoc posterior. Tot això apunta que el quadre és de l'època de Rafael, tot i que no permet concloure que en fos l'autor.

Precisament un treball recent relacionat amb el blau de Prússia permet establir una relació curiosa entre art i astrobiologia. El pigment és, químicament, hexacianoferrat (II) de ferro (III). Marta Ruiz Bermejo i els seus col·legues del Centre d'Astrobiologia de Torrejón de Ardoz (Madrid) van publicar, a final de 2009, un estudi en que explicaven que el blau de Prússia, sotmès a pH alts i a temperatures relativament elevades —entre 70 i 150 graus—, dóna lloc a la formació de cianur d'hidrogen. I aquest, com hem vist, va poder donar lloc a les primeres biomolècules.

A més, els investigadors han observat que, en una atmosfera de metà, en presència de ferro i amb descàrregues elèctriques, es pot generar blau de Prússia. I que aquest també pot donar lloc a hematites, la forma més estable i freqüent en què es presenten els òxids de ferro a la superfície del planeta. Així, un pigment utilitzat per pintar obres d'art potser també va servir per dibuixar les primeres passes de la vida a la Terra.

"ELEMENTAL, ESTIMAT ISÒTOP"

La Lluna va envellir de cop quan investigadors de la Curtin University of Technology de Perth (Austràlia) van analitzar una mostra que els astronautes de l'Apollo 17 –la nau que va fer l'últim viatge tripulat, fins ara, al nostre satèl·lit– n'havien portat l'any 1972. Les anàlisis assenyalaven que el zircó present a la mostra tenia 4.420 milions d'anys d'antiguitat i era, per tant, més vell que qualsevol mostra del mateix mineral trobada al nostre planeta.

La teoria més acceptada sobre la formació de la Lluna indica que entre 10 i 100 milions d'anys després de la formació del sistema solar –fa 4.570 milions d'anys– un cos va xocar amb la Terra en formació i la terrible col·lisió va arrencar material que es va condensar i va formar el satèl·lit. Com pot ser que el zircó trobat a la Lluna sigui més antic que el terrestre? La raó sembla ser que essent la Lluna més petita, va trigar menys a refredar-se després de l'impacte i alguns minerals s'hi van formar abans.

Una segona pregunta és: com es data el zircó? Aquest mineral està format per silicat de zirconi. Però també pot contenir percentatges més o menys importants d'altres elements, com hafni, tori o l'urani. I com que aquests elements presenten diversos isòtops, alguns dels quals es desintegren, podem conèixer l'antiguitat del zircó i, així, utilitzar-lo per datar roques que el continguin. Té l'avantatge que és un mineral molt antic, ja que va ser dels primers a formar-se. Per això, la història de la Terra –i de la Lluna– es pot remuntar fins a èpoques molt remotes.

La forma de datar a partir de la desintegració dels isòtops –recordem que els isòtops són formes en què es presenta un element i que difereixen en el pes atòmic– és semblant amb qualsevol element utilitzat, però varia tant allò que podem datar com les èpoques en què es pot aplicar. Així, el famós mètode del carboni 14 es basa en el fet que el carboni natural conté unes proporcions constants i ben definides dels isòtops de pes atòmic 12 i 14. Aquesta proporció es transmet als éssers vius, que durant la seva vida assimilen carboni –el percentatge del tercer isòtop, el carboni 13, pot variar, i per això no es té en compte.

Quan l'organisme mor, deixa d'assimilar carboni. Però, aleshores, la proporció comença a variar, perquè el carboni 14 es va desintegrant. Això significa que, com més temps fa que un organisme ha mort, més baix és el percentatge de carboni 14 en relació amb el carboni 12. Com que es coneix el ritme de desintegració del carboni 14, es pot establir l'edat d'unes restes orgàniques amb molta precisió.

La tècnica s'ha refinat de manera que possibles alteracions també hi són previstes i corregides. El gener de 2010 va publicar-se una nova corba de calibració (IntCal 09). Després de molts anys de recerques i debats, s'han introduït les correccions que tenen en compte les variacions de carboni 14 a l'atmosfera degudes als canvis en l'activitat solar i el camp magnètic terrestre. La corba ofereix una datació molt més acostada a la real per a objectes de fins a 50.000 anys.

Però, per a objectes més antics i que no siguin restes orgàniques, cal utilitzar altres mètodes. Les restes es poden datar en relació amb els sediments on s'han trobat i establir l'edat de les roques. I, com hem dit, les datacions més antigues es poden fer gràcies al zircó. Aquest mineral és pràcticament inalterable, i només varia la proporció d'alguns isòtops que conté. Té també l'avantatge que els isòtops que pot contenir, com els d'urani, tori o hafni, tenen ritmes de desintegració molt lents, i així el zirconi es manté molt de temps com un calendari natural fiable.

Així, la vida mitjana de l'urani 235 —el temps necessari perquè la seva concentració disminueixi a la meitat— és d'uns 4.500 milions d'anys, gairebé igual que l'edat de la Terra. Aquest isòtop acaba convertint-se en plom. Mesurant la proporció entre urani i plom o entre tori i plom, podem establir quan fa que es va formar el zircó i, per tant, la roca que el conté. D'aquesta forma, es pot saber que a la Lluna hi ha roques més antigues que les que hem trobat fins ara a la Terra.

Aquesta és una aplicació que podríem incloure en el camp de l'astrogeoquímica —si aquesta especialitat existís. Però també hi ha aplicacions en l'àmbit forense —és a dir, de suport als jutges— que anirem descrivint a poc a poc. A les novel·les d'Arthur Conan Doyle, el creador de Sherlock Holmes, no surt mai la frase "Elemental, estimat Watson", amb què el famós detectiu s'adreçaria suposadament al seu ajudant i amic. Sembla que l'expressió es va introduir quan es van fer versions cinematogràfiques de les aventures de Holmes. Tampoc aquest, que es distingia perquè aplicava metodologia científica a les investigacions, no va arribar a utilitzar els isòtops, però si les seves aventures es traslladessin a l'actualitat segur que no es resistiria a fer-ho. I ho podria aplicar en molts casos.

Primer li proposarem un cas sense isòtops, però amb molta química. Suposem que a Holmes li diuen que investigui d'on poden procedir uns fòssils que han estat recuperats després d'haver estat robats. En aquest cas, es basaria en l'anàlisi de les anomenades *terres rares*. Amb aquest nom es coneix un grup d'elements, anomenats així pels químics del segle XIX per la dificultat d'aïllar-los dels minerals que els contenen i perquè es presentaven en combinacions inusuals i amb alguns propietats que els feien ballar el cap. S'hi inclouen gairebé tots els lantànids –elements des del nombre atòmic 57, el lantà, fins al 71, el luteci–, tret del 61, el prometi, que és sintètic. I s'hi afegeixen dos elements més lleugers: l'escandi i l'itri.

Quan els ossos es fossilitzen, incorporen les terres rares presents en el lloc. Però la proporció entre les diverses terres rares varia a cada indret, segons la composició que tinguin les aigües subterrànies. Per això, els fòssils d'un lloc determinat tenen una proporció concreta de diverses terres rares. Per relacionar un fòssil amb un lloc –o descartar que provingui d'allà–, cal conèixer la proporció de terres rares en aquell indret i analitzar la que presenta el fòssil. Amb aquest sistema, ja s'ha demostrat que es pot afirmar si un fòssil prové o no d'un lloc concret amb un 99% de certesa. I és ben probable que, d'aquí a poc temps, confirmada la seva validesa, la tècnica sigui acceptada com a prova en un judici.

Però seria més probable que al nostre Sherlock Holmes actual li encarreguessin buscar sospitosos de robatoris o d'assassinats. La gran perspicàcia del nostre investigador el portaria a una seguretat gairebé completa sobre qui és el culpable. Però li mancarien proves concloents.

I aquí entren en joc els isòtops. Holmes podria demanar anàlisis de cabells. Aquests –com les ungles– estan constituïts principalment per una proteïna, anomenada *queratina*, que conté sofre, que prové de l'aigua o els aliments que ingereix la persona. Investigadors de l'Institut Nacional Britànic de Metrologia Química i de la Universitat d'Oviedo han desenvolupat un mètode per determinar les variacions en els isòtops de sofre presents en el cabell d'una persona. El cabell creix a un ritme d'1,25 centímetres al mes. Si en prenem 5 centímetres, podem estudiar si el sofre que ha incorporat els darrers quatre mesos té la mateixa proporció d'isòtops o no.

I això ens permetrà determinar si aquella persona ha estat en un mateix lloc o si ha viatjat i per on. Els aliments que ingereixi o l'aigua que begui tindran diferent proporció isotòpica si provenen de llocs diferents. En la prova realitzada, els investigadors varen poder distingir els cabells de dues persones que havien residit de forma permanent al Regne Unit dels d'una tercera persona que els sis mesos anteriors havia viatjat per Croàcia, Àustria, el Regne Unit i Austràlia. En aquest cas, l'objectiu era relativament senzill: les variacions isotòpiques entre els dos primers eren molt petites en relació amb el tercer.

Molt més complex seria determinar si una persona ha estat en un lloc concret els últims mesos. En teoria, es pot distingir, perquè, tot i que els aliments poden venir de llocs allunyats i la persona pot beure aigua embotellada, sempre assimilarà isòtops provinents d'aigua del lloc que s'hagi fet servir per cuinar o de menjars d'aquell territori. Tot i això, l'objectiu bàsic a curt termini no és saber on ha estat un sospitós, però sí poder esbrinar si diu la veritat quan sosté, per exemple, que no s'ha mogut del país els últims mesos. Els científics creuen que es podria elaborar una base de dades amb les variacions de les concentracions dels isòtops del sofre en diferents llocs i així poder comparar les mostres de cabell analitzades.

Hi ha investigadors que ja han treballat en aquestes bases de dades. Thure Cerling i Jim Ehleringer, de la Universitat de Utah (Estats Units), s'han convertit en bons aliats de la policia nord-americana. Després d'una pacient recollida d'aigua de l'aixeta i de cabells per diverses poblacions dels Estats Units, varen elaborar una base de dades on queden paleses les diferències isotòpiques tant en una mostra com en l'altra. L'aigua de determinats llocs té unes característiques isotòpiques diferents, perquè té una proporció més gran d'oxigen-18 que d'oxigen-16 i d'hidrogen-2 que d'hidrogen-1. I, a la gent que en beu, això li queda "escrit" en els cabells. Els dos científics varen comprovar el mètode en una sèrie de proves i ja han ajudat la policia en algunes investigacions.

I el que és vàlid per als humans ho és també per a moltes espècies animals. Ara a Holmes li cau un cas aparentment complicat. El 15 de gener de 2009, un avió es va enlairar de l'aeroport de La Guardia, a Nova York. De seguida, va trobar-se amb un estol d'ocells, que haurien provocat una tragèdia si la destresa del pilot no hagués permès fer aterrar l'avió al riu Hudson. No hi va haver cap mort. Ara és el torn de Sherlock Holmes. Li demanen que esbrini d'on venien els ocells.

La pregunta no és cap broma ni divertiment. Conèixer si es tractava d'ocells migratoris que venien d'altres llocs o d'ocells establerts a la zona pot ajudar a estudiar millor els seus moviments i a establir sistemes de gestió que evitin nous accidents o en minimitzin el risc. Les mesures per controlar els ocells residents no seran vàlides si apareixen estols de migradors habituals.

Afortunadament per a Holmes, la policia va recollir mostres de teixit i plomes dels ocells que havien quedat en els motors de l'avió. El primer que se li acut a Sherlock Holmes és determinar quina espècie d'ocell era. Per a això recorre a un científic que, amb proves d'ADN i les corresponents bases de dades, li explica que eren oques del Canadà.

Ara Holmes vol saber el lloc de procedència. Té la sort de trobar Peter Marra, un ornitòleg de la Smithsonian Institution. Holmes ha sentit a parlar d'un sofisticat mètode desenvolupat per Marra i el seu equip. Es tracta de fer anàlisis isotòpiques de les plomes. Com en el cas dels cabells de les persones, les concentracions dels isòtops varien segons la zona on s'han alimentat els animals. Marra compara les dades dels ocells que xocaren amb l'avió amb les de mostres procedents de Labrador i Terranova (Canadà) i d'oques del Canadà que viuen tot l'any a Nova York. Això li permet a Holmes saber que els ocells culpables eren migradors i provenien de Labrador. No caldria afegir que, si bé el Sherlock Holmes de la història és tan fictici com sempre, el doctor Marra existeix, i va realitzar i publicar el treball que hem descrit.

Deixem els casos de Sherlock Holmes. L'investigador està entusiasmat amb les possibilitats que li obren els isòtops, però ara es pren uns dies de descans. Fulleja una revista científica i s'assabenta que les anàlisis isotòpiques que tan bé li han anat són utilitzades amb objectius molt diversos: permeten obtenir informació sobre la dieta i els moviments d'animals tan diferents com el llop marí i el calamar gegant. També observa que s'han utilitzat per determinar, gràcies a unes bases de dades exhaustives, de quina mina procedia l'urani que els alemanys van fer servir per intentar fabricar una bomba atòmica durant la Segona Guerra Mundial. I llegeix també que un investigador anomenat Ian Hutcheon, del Lawrence Livermore National Laboratory de Califòrnia, analitza mostres d'urani que havien estat robades a diverses parts del món. Analitzant el percentatge de cada isòtop de l'urani en el conjunt de la mostra, Hutcheon pot esbrinar quin reactor s'ha enriquit –l'urani per a les bombes té un percentatge molt més elevat de l'isòtop 235 que el natural– i quant de temps fa que s'ha enriquit. Això dóna pistes importants sobre el lloc d'on es pot haver robat, permet seguir la pista dels lladres i establir mesures de prevenció.

En llegir això, Holmes ha quedat admirat de les possibilitats d'aquestes recerques, però també ha arrugat el front. Les referències militars no li agraden gaire. Però, continuant amb la lectura, veu que les proves amb armes atòmiques han tingut la seva part positiva. Tot i haver deixat inhabitables diverses illes del Pacífic i haver provocat malalties greus a habitants de llocs propers, uns investigadors han aconseguit extreure'n informació per millorar els coneixements sobre el cor humà.

La idea se'ls va acudir a Hubert Gasteiger, del Massachusetts Institute of Technology, i Nenad Markovic, de l'Argonne National Laboratory. Volien esbrinar si les cèl·lules del cor anomenades *cardiomiòcits* es regeneren durant la vida adulta. Se sap que, de cardiomiòcits, se'n formen molts durant la vida del fetus i que, entre el naixement i l'edat adulta, se'n produeixen tants que la massa del cor es multiplica entre 30 i 50 vegades. Però, i un cop a l'edat adulta? La qüestió és important, perquè té a veure amb la possibilitat que el múscul cardíac es regeneri després d'una lesió o que es pugui recuperar utilitzant cèl·lules mare.

En un estudi publicat el 3 d'abril de 2009 a la revista *Science*, varen descriure el seu descobriment: que les cèl·lules del cor humà es regeneren a un ritme de l'1% anual en els joves de 25 anys i que va disminuint fins a ser d'un 0,45% anual als 75 anys. Això significa que, aproximadament un 40% de les cèl·lules del cor d'una persona gran, no les tenia quan es va fer adult.

La forma com ho van esbrinar conforma un bonic experiment. Les proves nuclears es varen fer lliurement a l'exterior des del final de la Segona Guerra Mundial fins al tractat que les va prohibir i que va entrar en vigor l'any 1963. A partir d'aquell any, s'havien de fer subterrànies, cosa que no significa que tothom les hi fes. Les explosions van provocar que les concentracions de determinats isòtops a l'atmosfera augmentessin fins al 1963 i que la circulació atmosfèrica les repartís de forma més o menys uniforme. Per això, isòtops com el carboni 14 (^{14}C) eren assimilats per les cèl·lules que es formaren entre aquells anys, sempre en proporció a la concentració que hi havia a l'atmosfera.

Mesurant les concentracions isotòpiques en cèl·lules de persones de diverses edats, els dos investigadors varen determinar quin percentatge eren cèl·lules joves i quines es van formar durant el període normal de creixement. Els resultats foren els que hem indicat i això assenyala que els cardiomiòcits tenen vida llarga, però que en part es regeneren.

En acabar de llegir l'article, Sherlock Holmes somriu. La química ha ajudat a extreure una informació que pot ajudar a salvar vides a partir d'unes proves que tenien com a objectiu construir armes per eliminar-ne.

7

ELS ORFEBRES DE LA MATÈRIA

"No, de melangia, ara, no en tenim per res, ni d'enyorança.
Ara ens enamora el plàstic, d'un llustre com les plomes de l'esmerla, I el
cautxú de síntesi, mat com el bec de la garsa innoble."
Enric Casassas i Simó: Multituds irruents

"Propilè,

propilè...
Com evitar
aquest avorriment
d'aparellar-se
amb idèntics
companys?"
Roald Hoffmann: Oligopoema

En tennis, es diu sovint que una parella de dobles ha de tenir química. Aquesta és una de les accepcions amables de la paraula *química*. Aquí significa que hi ha bona entesa, sintonia, bon ambient. Però segur que ens quedem curts si reduïm la necessitat de química a la relació entre els dos components de la parella de dobles. Qualsevol persona que jugui a tennis necessita bona química, perquè la qualitat i les prestacions de les raquetes han millorat amb l'aplicació de nous materials per fabricar-les.

Quan el tennis va néixer oficialment com a esport reglamentat –i patentat– l'any 1874, les raquetes eren de fusta i les cordes se solien fer amb budells d'animals. Durant un segle, les úniques millores es varen produir en el tipus de fusta, en el laminat i en unes cordes fetes amb nous materials, que donaven més potència i tenien més durada. Però les raquetes continuaven essent molt pesades, fins que l'any 1967 es va crear la d'alumini, que oferia diversos avantatges: era més lleugera, permetia cops més forts i durava molt més sense torçar-se ni trencar-se. Aviat es va estendre entre els professionals i, al cap d'un temps, molts aficionats també la feien servir.

Allò que en cent anys gairebé no s'havia modificat va començar a canviar. Aviat va sorgir la raqueta de fibra de carboni, en la qual aquest material es barrejava amb alguns plàstics. Tot plegat tenia menys pes i permetia un millor domini del joc. Eren més cares i, per això, estaven reservades als professionals. A poc a poc, les raquetes de fusta varen quedar per als qui les conservaven amb cura i no les volien canviar o per als col·leccionistes. Els preus de les noves raquetes es feren més assequibles i sorgiren models amb característiques molt diverses. Tot això va afavorir la popularitat del tennis, però els fabricants passaren a tenir un altre problema: les raquetes de fibra de carboni duraven tant, tot mantenint les prestacions, que els jugadors podien passar uns quants anys sense comprar-ne una altra.

Les raquetes, les pilotes, les pistes, junt amb les millores en la tècnica i els entrenaments, van dur a un joc molt més ràpid i viu. No és ni de bon tros l'únic exemple d'evolució d'un esport gràcies a l'ús de nous materials. El fet és més evident en el rècord de salt de perxa. La primera marca reconeguda la va aconseguir el 1912 el nord-americà Daniel Conaselli amb 4,02 metres. En aquell temps, les perxes eren de bambú, un material lleuger, flexible, resistent i barat. Augmentar el rècord un metre va costar 51 anys: no va ser fins al 1963 que el també nord-americà Brian Sternberg va saltar 5 metres.

Però, a partir d'aleshores, el progrés va ser molt més ràpid. En només 22 anys es varen assolir els 6 metres. Ho va fer l'ucraïnès Sergei Bubka l'any 1986. Ell mateix va establir el rècord del món en 6,14 metres el 1994. I, en el moment d'escriure això, el registre encara no ha estat superat.

La raó principal de la ràpida evolució va ser la utilització de nous materials per fabricar les perxes. Del bambú, es va passar a la fibra de vidre, després a la fibra de carboni i, posteriorment, als materials compostos. Això donava la mateixa lleugeresa, però més flexibilitat i, per tant, la perxa es doblegava en un angle més tancat en el moment de la màxima força. Doblegant més la perxa, la força de reacció era superior i l'impuls també. És clar que, al mateix temps, van millorar la tècnica dels atletes i els plans d'entrenament, però el gran salt va venir facilitat, en gran part, per aquests nous materials. I després d'un gran salt, cal un aterratge segur. La sorra que esmorteïa la caiguda dels atletes es va suplir amb matalassos d'escuma de poliuretà coberts de clorur de polivinil. Això absorbeix millor l'energia de la caiguda.

Les pistes d'atletisme també han canviat. De les fetes de terra o de cendra compactada, es va passar a les sintètiques, construïdes amb barreges de plàstics com l'estirè i el butadiè o l'etilè i el propilè. Són més fàcils de mantenir, més resistents a les inclemències del temps i tenen unes propietats elàstiques que disminueixen les lesions i augmenten el rendiment, i també han ajudat a superar marques.

Deixant el terra i tornant als estris, la innovació amb materials ha progressat darrerament gràcies a la nanotecnologia. El nom fa referència a l'escala dels materials que s'utilitzen. El prefix *nano-* indica una milmilionèsima part. Un nanòmetre equival, doncs, a la milmilionèsima part d'un metre –o la milionèsima part d'un mil·límetre. La tècnica consisteix a utilitzar nanopartícules, és a dir, fragments de material que tenen, aproximadament, aquestes dimensions –tot i que el terme *nanotecnologia* s'aplica de forma més àmplia quan les partícules són inferiors a 100 mil·límetres. S'ha observat que determinats materials tenen propietats molt interessants en la nanoescala i que, utilitzant recobriments amb nanopartícules –o inserint-les en altres materials–, s'obtenen resultats ben visibles i constatables a l'escala humana. És probable que molts de nosaltres n'haguem utilitzat. Hi al mercat protectors solars que tenen nanopartícules d'òxid de titani que filtren la radiació ultraviolada nociva, mentre deixen passar la que dóna color a la pell.

En el camp esportiu, l'addició de nanomaterials en la fabricació d'una raqueta permet a Nadal o a Federer colpejar la pilota amb tota la seva força sense que aquesta pateixi deformacions que en dificultin el control. Les pilotes de tennis també han millorat gràcies a la nanotecnologia: tenen unes partícules al seu interior que formen una capa protectora per mantenir la pressió fins i tot amb els càstigs severs a què estan sotmeses. I, en golf, els nanomaterials han permès obtenir pals de capes de titani que proporcionen, alhora, lleugeresa i resistència, i permeten nous cops.

Els nous materials també han tingut un gran protagonisme en ciclisme. De les pesades bicicletes de fa algunes dècades, s'ha passat a màquines molt més lleugeres. Ara, la nanotecnologia hi aporta noves solucions. Amb l'addició de nanotubs de carboni –assemblatge d'àtoms de carboni en forma de tubs- a unes resines, s'han fabricat bicicletes que superen de llarg la relació força/pes que tenen les d'alumini o altres metalls lleugers.

Malauradament, la química també ha aportat d'altres maneres de superar rècords: amb substàncies que augmenten el rendiment físic. Tot i les crides a un joc net, tot i les alertes sobre el risc que aquestes substàncies suposen per a la salut de l'atleta, no se n'ha pogut eradicar l'ús. Fins i tot han sorgit drogues cada vegada més sofisticades i difícils de detectar.

Difícils, però no impossibles perquè, si la química progressa i permet sintetitzar substàncies d'aquest tipus, també avança amb noves tècniques per descobrir-les. Un dels problemes és que alguns efectes són difícils de distingir dels que poden produir un bon entrenament o una nutrició adequada. I que algunes substàncies que s'administren a alguns esportistes també es produeixen de forma natural. Així, com distingir si un alt nivell de testosterona té un origen artificial?

La testosterona és una hormona que se sintetitza bàsicament als testicles. Entre d'altres efectes, augmenta la síntesi de proteïna i millora la recuperació després d'un esforç. Però també pot produir efectes negatius, i per això està prohibida. Ara bé, els nivells de testosterona depenen molt de cada individu, de variacions en l'alimentació, de factors ambientals... Com distingir les variacions naturals i les induïdes per ingesta de testosterona sintètica?

Un indici el tenim en la relació entre els nivells de testosterona i els d'epitestosterona. Aquesta darrera té una estructura molt semblant a l'anterior. S'ha comprovat que aquesta relació es manté força estable. És a dir, l'organisme sintetitza, aproximadament, tanta testosterona com epitestosterona. Si la proporció de la primera és molt més elevada, podem sospitar que l'atleta ha pres testosterona sintètica. Tot i així, s'ha vist que en alguns casos es pot produir aquesta diferència per causes naturals.

Finalment, s'ha establert que una relació elevada obliga a fer noves proves per descartar un origen natural de la diferència. I aquí és on entren en joc els isòtops, que tan bon servei varen fer a Sherlock Holmes al capítol anterior. La testosterona sintetitzada per l'organisme té una relació concreta entre els isòtops carboni-12 i carboni-13 (^{12}C i ^{13}C). Però la testosterona sintètica s'obté bàsicament a partir del moniato o de la soja, que pel seu metabolisme presenten unes relacions diferents entre aquests isòtops. Els àtoms de carboni que formen la testosterona porten la signatura que permet esbrinar si el seu origen és legítim o no.

IMITANT L'ORGANISME

Les perxes o les raquetes són estris que permeten fer coses que el cos humà tot sol no podria realitzar. Però hi ha objectes que simplement tenen com a funció compensar pèrdues que l'organisme ha patit, per accident o per malaltia. Són pròtesis que, des de l'antiguitat, s'han fet servir per suplir membres amputats o trencats. N'hi ha exemples des de fa almenys tres mil·lennis. En unes excavacions fetes a Tebes (Egipte), per exemple, es va trobar una peça de fusta utilitzada per substituir un dit gros del peu.

Durant molts segles, els creadors d'aquestes peces artificials havien de recórrer als materials usuals, com ara la fusta. Ni hi havia gaires possibilitats més, ni el cos humà hauria admès, probablement, segons quins productes. L'enginy era extraordinari, però la matèria primera el limitava. Amb el progrés de la química de síntesi, al segle xx varen sorgir molts polímers o aliatges que permetien produir peces amb altres prestacions, més lleugeres o més adaptables. Plàstics, resines, aliatges lleugers, ceràmiques... Tots han contribuït que bona part de l'organisme humà, sobretot ossos i articulacions, s'hagi pogut recuperar. En molts casos, les pròtesis han millorat la qualitat de vida –pensem en les dents postisses o en les peces metàl·liques per al maluc–, però, en d'altres, han salvat vides –vàlvules cardíaques, posem per cas.

Una de les condicions bàsiques d'aquestes peces és que no causessin rebuig. Un cos estrany provoca la reacció del sistema immunitari i el cos acaba no tolerant la peça artificial. Per evitar el rebuig calia, entre d'altres coses, una mínima interrelació amb l'organisme. Ara, en canvi, els dissenyadors de biomaterials busquen sovint intervenir en els processos orgànics. Això és així perquè coneixem molt millor els mecanismes biològics i els científics busquen la manera d'interactuar per tal d'obtenir determinats objectius. Així, ja no tan sols es dissenya una pròtesi per suplir un os, sinó que aquesta pot consistir en una matriu d'un material que conté una proteïna similar a la que té l'os humà i que el regenera.

Per això ha estat fonamental el progrés en nanotecnologia. D'aquesta forma, s'han pogut produir mecanismes molt petits que porten algun material biològic –o material sintètic idèntic al biològic– i que produeixen funcions diverses en l'organisme. És el que anomenem *materials biomimètics*, que imiten els materials biològics. Per obtenir-los, ha calgut conèixer molt bé les estructures cel·lulars i extracel·lulars. Així, s'han pogut dissenyar després pèptids –cadenes d'uns pocs aminoàcids– capaços de transportar substàncies biològiques fins a determinats teixits, unir-se a la paret de les cèl·lules que formen el teixit i fer que la substància activa s'hi introdueixi i produeixi l'efecte desitjat. Ateses les dimensions de les cèl·lules, tot això ha requerit grans operacions de nanoenginyeria per tal de produir minúscules naus capaces de navegar per l'organisme i arribar a bon port. Gràcies a la biologia i la medicina, les possibilitats van en augment. Les nanoestructures poden protegir les cèl·lules mare i proporcionar-los l'ambient que necessiten per desenvolupar-se en un òrgan concret.

Aquests dispositius també poden transportar sensors que capturin i transmetin dades per possibilitar un seguiment de les constants d'un malalt, per exemple. Però quan s'introdueixen productes que tenen una missió temporal, cal pensar en com eliminar-los, cosa que pot ser més complicada que introduir-los. Aquí entren en joc materials biodegradables, que es desfaran tots sols un cop hagi acabat la seva funció. Hi ha diversos plàstics que tenen aquesta propietat.

Recentment, s'han dissenyat, fins i tot, circuits electrònics biodegradables i biocompatibles. La segona propietat evita el rebuig i la primera evita haver de fer una intervenció quirúrgica per eliminar-los. Christopher Bettinger i Zhenan Bao, de la Universitat de Stanford (Califòrnia), van fabricar un transistor amb aquestes característiques. Per a això calien materials molt diversos. Un era el substrat que aguanta el conjunt, que es va fer amb un derivat de l'àcid glicòlic –present en moltes preparacions per a la pell. Aquest substrat representa el 99% del pes total del dispositiu. Calia també un dielèctric –és a dir, un material aïllant que no transmeti el corrent elèctric–, i per això es va utilitzar un polímer basat en l'alcohol vinílic. La base del transistor és un material semiconductor –com ara el silici. En aquest cas, es va triar una molècula basada en el tiofè –hidrocarbur en forma d'anell que conté sofre– per la seva resistència en medis aquosos. Els únics metalls del dispositiu són or i plata, que es fan servir per als elèctrodes en quantitats molt petites, ben tolerables per l'organisme. En conjunt, el sistema pot servir per obtenir dades dintre l'organisme. També pot ser útil per activar l'alliberament de fàrmacs en llocs i en moments determinats.

Els experts en biomaterials creuen que aquests avenços no quedaran limitats a la medicina, sinó que es poden estendre en molts altres àmbits. Creuen que els sensors tindran aplicació en molts altres camps, que els nous nanomaterials tindran prestacions molt útils en la indústria i en la vida quotidiana i, finalment, que fixar-se en la natura i intentar imitar-la obre la porta a molts productes innovadors. D'això darrer, n'hi ha molt exemples. Un dels grans objectius dels investigadors en materials és imitar el fil de la teranyina. Malgrat la seva feblesa aparent, és un dels materials biològics més resistents en relació amb el seu pes. De moment, no l'han produït de forma artificial, però sí que han indicat a les aranyes com fer-lo encara més fort: afegint-hi un metall.

Efectivament, Seung-Mo Lee i Mato Knez, de l'Institut Max Planck de Física de Microestructures de Halle (Alemanya), van bombardejar fils de la teranyina teixida per una espècie d'aranya (Araneus diadematus) per dipositar-hi àtoms de titani. Això protegia exteriorment el fil, però alguns àtoms penetraven en les fibres. El resultat va ser fil de teranyina deu vegades més resistent al desfilatge –nou vegades si feien servir alumini i cinc si utilitzaven zenc. Quant a la força, si hi afegien tots tres metalls, els fils eren capaços de suportar entre tres i quatre vegades més pes que abans.

Les teranyines tenen una altra propietat interessant per als científics: la facilitat amb què les mosques o d'altres insectes hi queden enganxats. És per això que les han utilitzat com a font d'inspiració per a noves pegues. Omer Choresh i els seus col·legues de la Universitat de Wyoming (Estats Units) han identificat dues molècules implicades en aquesta funció de les teranyines. Són dues glicoproteïnes, és a dir, proteïnes unides a un sucre. L'objectiu és ara clonar els gens que ordenen la producció d'aquestes dues molècules i així produir-les en gran quantitat. L'avantatge seria tenir pegues basades en biomolècules –i no en productes sintètics–, probablement més fàcils de produir i d'eliminar.

Hi ha qui mira cap a d'altres animals. Els *geckos* són un grup de llangardaixos de mida petita o mitjana. Una de les seves característiques més curioses és que poden enfilar-se per superfícies molt llises. S'ha vist que això és degut als milions de fibres molt fines que tenen als peus i que s'anomenen *setes*. Se sap que les setes s'arrapen a la superfície gràcies a la força de Van der Waals, que es produeix com a conseqüència de càrregues elèctriques i que, per exemple, es dóna entre l'oxigen d'una molècula d'aigua i un dels hidrògens d'una altra.

Kellar Autumn, del Lewis & Clark College de Portland (Estats Units), ha creat un adhesiu inspirat en el gecko. L'ha anomenat GSA (*gecko-inspired synthetic adhesive*) i consisteix en fibres finíssimes, de 20 micròmetres –mil·lèsimes de mil·límetre– de longitud i 0,6 micròmetres de diàmetre, agrupades amb una densitat de 42 milions de fibres per centímetre quadrat. No cal dir que les recerques realitzades i el resultat obtingut són un altre exemple de recerca a nanoescala. L'adhesiu no funciona per pressió, sinó com els peus del gecko. L'objecte impregnat amb la pega no s'uneix a la superfície prement-lo, sinó fent-lo lliscar lleugerament. Així es produeix la força d'atracció.

Les aplicacions poden ser nombroses. I demostren que la recerca de nous materials pot assemblar-se a la manera de caminar del gecko quan s'enfila per una superfície vertical: aparentment lenta, però segura, constant i sorprenent.

VESTITS I AVIONS

A la pel·lícula *L'home del vestit blanc*, dirigida per Alexander McKendrik i estrenada l'any 1951, el protagonista és un científic anomenat Sidney Stratton –interpretat per Alec Guinness– que inventa un teixit revolucionari, que no es taca ni es gasta. La troballa causa sensació, però també provoca una gran preocupació en la indústria tèxtil: si una roba té aquestes prestacions, durarà indefinidament, la gent no haurà de renovar sovint el vestuari i les vendes cauran de forma espectacular.

Avui existeixen teixits antitaques que potser no arriben a l'espectacularitat de l'invent fictici de Stratton, que mantenia la roba permanentment immaculada, però que permeten evitar alguns accidents desagradables, tant en vestits com en sofàs o d'altres mobles i objectes. I la indústria tèxtil no s'hi oposa ni intenta destruir l'invent, perquè és ella mateixa la que els busca i els promou.

Una de les innovacions en protecció de teixits s'anomena *ion-mask* i va ser desenvolupada per l'empresa britànica P2i Ltd, fundada pel Ministeri de Defensa del Regne Unit. Un dels programes de recerca pretenia obtenir peces de vestir militars confortables i resistents a possibles atacs químics. Finalment, van aconseguir una tècnica basada en el plasma, que és el que podríem anomenar "un quart estat de la matèria". Sabem que, en un sòlid, les molècules tenen un moviment intern pràcticament nul, que en un líquid tenen una llibertat que els permet canviar de forma i que en un gas es mouen amb tota llibertat per tot l'espai de què disposen. Si escalfem un sòlid, en tindrem un líquid, i si escalfem aquest, n'obtindrem un gas. I, si encara li donem més energia, apareixerà el plasma, en què les molècules ja no només es mouen lliurement, sinó que s'han ionitzat, s'han separat en ions positius i negatius, de manera que la suma de càrregues elèctriques continua essent neutra. En el cas dels àtoms, s'haurien separat, d'una banda, els nuclis i, de l'altra, els electrons. El plasma és, per tant, una mena de sopa gasosa d'ions amb càrrega elèctrica total neutra.

Mitjançant el plasma, es dipositen nanofragments de materials que impregnen les fibres del teixit. No és un simple recobriment, sinó una estructura que augmenta la tensió superficial i expulsa els líquids, en comptes d'absorbir-los. Com en una paella antiadherent, on sovint l'aigua i fins i tot l'oli formen unes gotetes en comptes d'escampar-se, en el teixit passa el mateix. L'aigua, l'oli, un greix, un pigment es convertiran en petites gotes, que seran expulsades novament, sense temps d'amarar o tacar la peça de roba. Això s'ha aplicat a calçat totalment resistent a l'aigua, a peces de roba que suporten els atacs de substàncies que els tacarien o malmenarien i, fins i tot, a fundes per a mòbils o altres aparells electrònics, que així no es fan malbé si cauen en un medi líquid.

Els nous tèxtils tenen aplicacions molt diverses. Un llençol fabricat per l'empresa InnovaTec d'Alcoi, al País Valencià, conté milions de microcàpsules amb repel·lent de mosquit. L'objectiu és disminuir el risc de contagi de malalties com la malària o el dengue en països on són endèmiques.

Una vegada més, endinsar-nos en l'estructura de la matèria fins a escales molt petites permet obtenir productes amb noves propietats.

Les possibilitats de la tecnologia, junt amb la inventiva, fan que aquests nous productes siguin nombrosos i afectin tots els àmbits. Hi ha jaquetes, motxilles i fins i tot tendes de campanya que porten inserides petites plaques fotovoltaiques. D'aquesta forma, poden produir prou electricitat per carregar petits aparells electrònics, com mòbils o càmeres, o per mantenir encesa un petita bombeta durant algunes hores. L'objectiu següent és obtenir un teixit que no hagi d'incorporar plaques fotovoltaiques, sinó que per ell mateix sigui capaç de transformar la llum solar en electricitat.

Sense abandonar el tèxtil convencional, totes aquestes innovacions tenen un gran interès per a un sector que experimenta, des de fa anys, una profunda crisi. Actualment, més de la tercera part de la producció del sector tèxtil europeu pertany als anomenats *teixits tècnics*. Es tracta de teixits amb prestacions adients per a condicions extremes: veles per a embarcacions o planxes de surf de vela, roba per a expedicions d'alta muntanya o regions polars, tendes de campanya... Avui, una part important dels teixits tècnics es basen en la nanotecnologia, que, com hem vist, permet actuar sobre la microestructura dels materials per donar-los noves propietats.

Els teixits tècnics permeten somiar amb noves fronteres, com ara la navegació espacial amb vela. Aquesta possibilitat tan sorprenent es basa en el flux de fotons que ens arriben des del nostre estel. No es tracta del vent solar, format per partícules carregades que el nostre estel expulsa, perquè aquest té poca força –tot i que és el responsable d'una de les cues dels cometes, que sempre està oposada al Sol; els cometes tenen una segona cua formada per partícules de pols. Els fotons, les partícules de llum que formen la radiació solar, provoquen una pressió, com se sap des del segle XIX. Si els fotons impacten sobre una vela a l'espai, aquesta assolirà moviment, tal com passa al nostre planeta amb el vent. Pot semblar una força feble, però s'ha calculat que, en cent dies, la vela –i la nau que portés– assoliria una velocitat d'uns 160.000 quilòmetres per hora.

Per a això calen materials que siguin molt lleugers –una vela tipus podria ser un quadrat de 160 metres de costat– i resistents tant a les forces que experimentés com a les temperatures elevades que hauria de suportar. Els materials que es consideren candidats són les poliimides, és a dir, polímers dels compostos anomenats *imides*. Els polímers són llargues cadenes d'unitats repetides i el seu nom prové del grec –*polys*, "molts", i *meros*, "part". Les unitats que es repeteixen s'anomenen monòmers.

Les poliimides no s'han de confondre amb les amides, tot i que s'hi assemblin. Si les amides tenen la fórmula general R-CO-NH$_2$, les imides consten de dos grups carbonil units a un hidrogen (R-CO-NH-CO-R'). La poliimida seria una llarga cadena formada per una imida repetida. La poliimida LaRCT-CP1, desenvolupada per la NASA, permetria crear una vela amb un gruix de només 0,003 mil·límetres, cosa que donaria un pes de només 5 grams per metre quadrat. Instal·lada en un satèl·lit, podria portar-lo sense consum d'energia fins a l'òrbita desitjada i mantenir-lo allà. Amb veles més gruixudes, es podria pensar en sondes que tinguessin missions més ambicioses –sempre amb un consum nul d'energia.

Sense arribar a tanta lleugeresa, no cal dir que obtenir el mínim pes amb la màxima resistència i durabilitat és un dels objectius de la indústria aeroespacial. Nous aliatges proporcionen totes dues qualitats. Han de resistir les forces de fricció de les operacions d'enlairament i d'aterratge, i les que es donen durant el vol. En alguns punts de l'avió, han de suportar temperatures que superen, de llarg, els mil graus. I tot això ho han de fer amb el mínim desgast. La introducció d'aliatges amb metalls com el niobi o el molibdè, amb punts de fusió elevats, pot obrir noves possibilitats per a les turbines dels avions. Les ales i d'altres parts del fuselatge es poden beneficiar de noves fibres. Una d'aquestes, basada en l'alumini, reduiria el pes dels avions en un 20% en comparació de les peces de plàstics reforçats amb fibra de carboni. I menys pes significa menys consum de combustible. A més, el material sembla més resistent a la fatiga en condicions meteorològiques adverses o, fins i tot, als impactes d'aus.

La reducció del pes també és bàsica per als fabricants d'automòbils. Aquí ens trobem amb dos objectius aparentment oposats: millorar la seguretat enfront de les col·lisions i reduir el pes per obtenir un consum menor. Totes dues coses es poden aconseguir amb nous materials, com ara nous tipus d'acer. Modificant les condicions de fabricació, s'actua sobre l'estructura interna i se n'obtenen acers avançats de gran resistència. Com que les possibilitats són diverses, cada tipus d'acer pot anar a parts diferents. A les portes cal que resisteixi molt bé un cop, perquè hi ha molt poc marge per evitar danys al conductor o als passatgers. A la part davantera, en canvi, es pot utilitzar un acer que no quedi inalterat, però que en abonyegar-se absorbeixi i dispersi l'energia del xoc. Aquesta estratègia pot dur a reduir-ne el pes en algunes parts, mentre es manté la seguretat global. I així pot disminuir el consum de combustible i, per tant, les emissions de diòxid de carboni. Ara, pel que fa a això darrer, totes les mirades estan posades en el cotxe elèctric, que analitzem a continuació.

GEOPOLÍTICA DELS ELEMENTS QUÍMICS

Ara com ara, els cotxes elèctrics afronten diversos problemes –que, probablement, s'aniran solucionant amb rapidesa els anys vinents. Un és el preu i la poca variació en l'oferta de models. Un altre és l'accessibilitat a punts de recàrrega. Un tercer pot ser que estiguem avesats a cotxes més potents i ràpids; tanmateix, en zones on la majoria dels desplaçaments són urbans o de pocs quilòmetres, seria fàcil acostumar-s'hi si se'ns ofereixen avantatges temptadors –com ara evitar una gasolina molt cara o haver de pagar uns impostos més baixos.

Ara, un problema tècnic real i complex és el de les bateries. Les actuals encara són massa grans i pesades si han de proporcionar molta autonomia. I bateries grans significa més pes i més consum, cosa que fa inevitables unes bateries encara més grans. La serp es mossega la cua. Però la química ajuda a desfer el cercle viciós.[1]

El principi de les bateries recarregables és senzill. Hi ha dos elèctrodes –un de positiu, l'ànode, i un de negatiu, el càtode– i un electròlit –líquid per on els ions poden viatjar. Els ions positius, com ara els de plom o liti, es mouen de l'elèctrode positiu al negatiu, ja que aquest els atreu. Allà es produeix un intercanvi d'electrons –reacció d'oxidació-reducció- i aquests electrons volen marxar cap a l'elèctrode positiu però, com que l'electròlit té la propietat de no permetre'ls el pas, han de fer-ho a través del circuit elèctric. És aquest flux d'electrons el que produeix corrent. Al mateix temps, la diferència de potencial entre els elèctrodes disminueix.

Quan la bateria es carrega, el que fem és aportar electrons, que van al pol negatiu i tornen a augmentar la diferència de potencial. Si l'electricitat de recàrrega prové de fonts renovables, com ara la solar o l'eòlica, els cotxes circulen sense haver provocat emissions de diòxid de carboni.

Però hi ha problemes de pes. Les bateries tradicionals són de plom i àcid sulfúric i, per bé que són barates, segures i duren molt, són massa grans i pesades per ser útils en cotxes elèctrics. A part d'ocupar molt d'espai, el cotxe no correria més de 150 quilòmetres abans d'haver de parar-se a recarregar. Les bateries de níquel i cadmi tenen més bon rendiment. Però ara els ulls estan posats en les bateries de ions de liti. Aquest és el metall més lleuger –el seu nombre atòmic és 3 i, a la taula periòdica, només té davant l'hidrogen i l'heli. I un metall més lleuger significa poder fer bateries més compactes i de pes menor. El desenvolupament d'aquestes bateries és prometedor, i és probable que bona part dels cotxes elèctrics les utilitzin en un futur més o menys proper.

Això farà augmentar molt la demanda de liti. I, per si de cas, s'han de prendre posicions. El país amb les reserves mundials més grans de liti és

Bolívia. El Servei Geològic dels Estats Units ha calculat que en té 5,4 milions de tones, pràcticament la meitat dels 11 milions de tones que hi ha al món –el segon país és Xile i el tercer, la Xina. Alguns estudis afirmen que les xifres són molt conservadores i que a Bolívia hi pot haver 8,9 milions de tones dels 39 milions que hi hauria a tot el planeta.

El govern bolivià del president Evo Morales està disposat a aprofitar aquesta riquesa natural. Però, de moment, no hi ha hagut acords amb empreses estrangeres, perquè Morales no vol convertir el país en un simple gran exportador de liti, sinó en un lloc on es faci recerca i desenvolupament i, potser, la fabricació d'aquestes bateries amb un futur previsiblement tan brillant. Per tant, el desenvolupament d'aquesta tecnologia no tan sols podria aportar uns grans beneficis econòmics al país que en té tantes reserves, sinó també forçar uns acords estratègics que desenvolupessin a Bolívia no només la mineria –una feina dura i amb un impacte ambiental–, sinó també la recerca i altres tipus d'indústria.

Les noves aplicacions de determinats elements químics poden canviar el panorama econòmic, i fins i tot tenir incidència política. Un exemple de més envergadura el tenim a la Xina. Allà hi trobem un territori ric en les anomenades *terres rares*, que hem comentat al capítol anterior. La Xina satisfà actualment el 95% de la demanda mundial de terres rares, que és de 125.000 tones anuals. Tenen un gran valor estratègic. El samari s'utilitza en sistemes de guia de míssils. L'itri es fa servir en làsers infrarroigs i en superconductors –materials que condueixen l'electricitat sense pèrdues en forma de calor. També hi ha terres rares a les pantalles de cristall líquid, a les fibres òptiques i, fins i tot, als motors de vehicles híbrids. I hi ha camps amb molt de futur, com els refrigeradors basats en imants permanents de samari, que poden ser molt més eficients i ecològics que els actuals, que utilitzen gasos com els hidroclorofluorocarburs (HCFC).

Totes aquestes perspectives han portat la Xina a crear un institut de recerca sobre terres rares i a limitar la quantitat d'aquests elements que poden ser exportats. A més, com és habitual allà, no han tingut cap mirament amb l'impacte ambiental de l'extracció dels minerals que les contenen. Tot plegat demostra que la Xina vol conservar l'avantatge que significa posseir les reserves més grans del món d'alguns d'ells.

Alguns països desenvolupats miren amb preocupació aquesta política xinesa, que, com algú ha arribat a dir, pot ser "l'arma econòmica del segle XXI". Potser noms com el praseodimi, el neodimi o el disprosi formin part, aviat, del llenguatge estratègic i diplomàtic.

CARBONI PER A L'ETERNITAT

Un diamant i una mina de llapis són químicament iguals: es tracta de carboni. La diferència, ben important, és que a la mina de llapis el carboni està en una forma anomenada *grafit*, on els àtoms formen una sèrie de capes unides per enllaços molt febles. I és per això que s'utilitza a les mines de llapis: amb els àtoms que es desprenen, formem la silueta de les lletres o dels dibuixos.

El diamant és totalment diferent. Els àtoms estan units per enllaços molt forts, que comparteixen parells d'electrons. A més, té una estructura cristal·lina on no hi ha capes feblement unides, com en el grafit, sinó que formen una mena de cubs que li donen una duresa extraordinària. El diamant és el material natural més dur que es coneix, el que es resisteix més a ser ratllat, però que pot ratllar la resta. A l'escala de Mohs, té el número 10, just davant del corindó (9), el topazi (8) i el quars (7). El seu parent grafit té el número 1, junt amb altres com el talc. L'escala és purament ordinal i els números no donen cap mesura directa de la duresa. El diamant és quatre vegades més dur que el corindó i, vuit vegades més que el topazi, 16 més que el quars i 1.600 més que el grafit.

Curiosament, el diamant, tant dur, és més inestable en condicions ambientals que el grafit. Per això, en el nostre entorn aquest segon s'ha format de forma preferent. Però, en les condicions que es donen a determinada profunditat –a uns 300 o 400 quilòmetres–, s'han pogut formar diamants, que requereixen una pressió que sigui milers de vegades superior a l'atmosfèrica i una temperatura per sobre dels 1.000 graus. També es poden haver produït durant esdeveniments que provoquin aquestes condicions, com ara l'impacte d'un meteorit.

Els diamants són molt apreciats i valorats com a pedres precioses. I, com que la majoria de les mines es troben en països amb règims i estructures socials i econòmiques molt inestables, han jugat i juguen el paper de gran font d'alimentació de grups militars. Molts dels anomenats "senyors de la guerra", líders de faccions que controlen determinades zones i que es troben en conflicte permanent amb altres grups o amb els governs estatals, tenen en els diamants una gran font d'ingressos. I s'han desenvolupat campanyes internacionals per intentar que les grans empreses occidentals que comercialitzen els diamants no tanquin els ulls a l'origen de les pedres precioses, que també els produeixen grans beneficis. Es tracta que es deixin de comprar els anomenats *blood diamonds* o "diamants de sang", que serveixen per intensificar i allargar aquests conflictes bèl·lics.

Des de final del segle XVIII se sabia que el diamant era carboni pur, i els químics varen pensar que en certes condicions podien sintetitzar-ne. Alguns afirmaren haver-ho aconseguit, però després el seu experiment no es va poder repetir. L'any 1926, un químic americà anomenat J. Willard Hershey se'n va trobar en acabar el seu experiment, però encara no se sap –si bé es sospita amb fonament– si alguns dels seus joves col·laboradors van introduir-los per gastar-li una broma pesada. El cert és que els primers diamants artificials de la història aconseguits en un procés que es va poder replicar moltíssimes vegades van aparèixer als anys cinquanta del segle passat en un laboratori de la General Electric Company a Schenectady (Nova York).

La duresa dels diamants els ha donat una gran importància a la indústria: per tallar o polir molts altres materials, per fabricar eines de perforació o, fins i tot, en òptica i electrònica. El seu paper és tan important que la producció i la venda de diamants industrials generen cada any més de 50.000 milions d'euros, molt més del que aporta el seu ús en joieria.

Un dels problemes que tenen els diamants de les eines industrials és que les condicions en què treballen provoquen un escalfament que els va deteriorant i perden les seves propietats. Per això, els investigadors intenten aconseguir materials que tinguin la duresa dels diamants i que hi afegeixin d'altres virtuts, com ara més estabilitat tèrmica i més resistència a determinats agents químics. El bor i els compostos que forma han mostrat força idoneïtat. El febrer de 2009 es va donar a conèixer l'estructura del B_{28}, format per 28 àtoms de bor. Aquesta pauta repetida forma un material que ha mostrat una duresa equivalent a la meitat de la que té el diamant.

Una bona marca, però que encara es vol superar. Per això també s'estudien compostos de bor, com ara el nitrur de bor (BN), que es presenta en diverses formes cristal·litzades. Algunes són tan febles com el grafit, mentre que d'altres són molt més dures. L'anomenada c-BN és similar al diamant, però no tan dura, i ja ha estat utilitzada a la indústria des de fa anys. Altres candidats són compostos de bor, carboni i nitrogen, com el BC_2N o, fins i tot, nitrurs d'altres elements, com ara de silici.

Aquestes alternatives amb altres materials no rebaixen, ni de bon tros, la importància del carboni. Pensem que és la base dels plàstics, que bàsicament són llargues cadenes repetides de compostos orgànics –és a dir, amb carboni. S'anomenen *polímers*. Cal matisar, però, que no tots els polímers són plàstics i moltes biomolècules també ho són.

El segle xx va significar una edat d'or per als plàstics, amb una gran diversitat i amb nombroses aplicacions, tant industrials com quotidianes. Al mateix, temps, això ha provocat un problema ambiental, perquè la majoria dels plàstics es degraden molt lentament, originen un volum important de residus i poden provocar problemes de toxicitat.

Entre les propietats més interessants dels plàstics, hi ha la seva facilitat de síntesi, la possibilitat de fer dissenys moleculars que els donin noves propietats, el seu baix pes, la facilitat per donar-los formes diferents –en grec, *plastikós* significa "modelable"– i el fet de ser aïllants elèctrics. Això darrer ha impedit fins ara que s'utilitzessin en aparells electrònics –tret de fer-los servir, per exemple, com a carcasses d'ordinadors o telèfons. Però, des de fa uns quants anys, es disposa d'alguns plàstics conductors, i això ha obert moltes possibilitats, per bé que encara es troben en les primeres etapes. Amb aquests plàstics, es podrien fabricar components electrònics més barats i lleugers i amb processos de síntesi on no calguin grans quantitats d'aigua, d'energia o de dissolvents tòxics. Encara ha de passar molt de temps per veure-ho, però ja es parla del seu ús en electrònica i en fotònica, així com per fabricar plaques fotovoltaiques plàstiques. Aquestes pesarien molt menys, serien menys fràgils i podrien adaptar-se a superfícies diverses.

Més enllà dels plàstics, el carboni, per si sol, continua donant sorpreses. Els darrers anys s'ha parlat molt dels ful·lerens. Es tracta de molècules formades únicament per àtoms de carboni.[2] La primera es va descobrir

11/ El ful·lerè (a dalt), molècula formada per 60 àtoms de carboni, deu el nom a les cúpules que dissenyava l'arquitecte Buckminster Fuller (a baix).

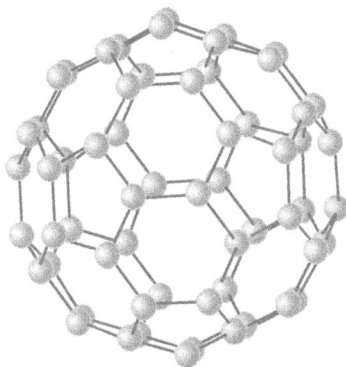

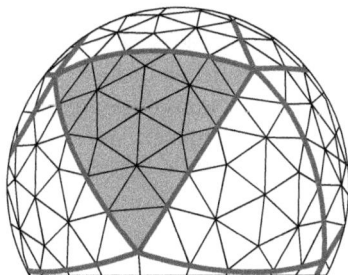

l'any 1985. Es tractava del C_{60}, que va ser anomenat *buckminsterfullerè*, perquè la seva estructura recordava les cúpules de l'arquitecte Buckminster Fuller. Aviat el nom va quedar retallat i per això aquestes molècules s'anomenen *ful·lerens*. El C_{60} també es va anomenar *futbolè*, perquè té una forma idèntica a la d'una pilota de futbol. Això també fa que la molècula i les seves associacions s'anomenin *buckiboles*.

Els ful·lerens s'han revelat tan versàtils i diversos que han obert tot un món. Hi ha molècules amb desenes o, fins i tot, amb centenars d'àtoms de carboni. També han sorgit els nanotubs de carboni, ful·lerens que tenen forma tubular. I ja hem vist que la nanotecnologia ofereix moltíssimes possibilitats.

Però una de les formes en què es presenta el carboni i que des de fa poc desperta una gran curiositat s'anomena *grafè*. Es presenta com el material que permetria construir xips i aparells electrònics diversos que superessin les limitacions del silici. El grafè no és més que una capa de grafit que té un gruix d'un sol àtom. Però no és gens fàcil d'obtenir, a partir del grafit, una làmina tan prima.

L'any 2004, Andre Geim i Kostya Novoselov, de la Universitat de Manchester (Anglaterra), varen descobrir un mètode útil però laboriós per obtenir grafè. Es tracta d'enganxar i desenganxar moltes vegades un tros de cinta adhesiva impregnada de grafit. A cada desenganxada, se'n perd una mica, i al final s'obté una capa de només un àtom. Aquest procés rudimentari —després molt millorat— va permetre, almenys, obtenir grafè per estudiar les seves característiques, i ara cada setmana apareixen diversos articles científics que expliquen les propietats d'aquest material. Tots dos van ser guardonats amb el premi Nobel de Física 2010.

I les seves propietats són moltes: és el més prim i, al mateix temps, el més resistent que mai s'ha obtingut; els seus electrons es poden desplaçar per la capa a gran velocitat; és mal·leable; pot absorbir altres àtoms i molècules; les seves propietats es mantenen a temperatura ambient... La mobilitat dels seus electrons permetien crear transistors que serien deu vegades més ràpids que els de silici. Això augmentaria la velocitat i la quantitat en l'enviament de dades.

La part negativa és que resulta difícil obtenir-lo i donar-li la forma desitjada. A més, essent una capa tan prima, qualsevol impuresa pot afectar-lo i alterar-ne les propietats. Tot i així, poques vegades un material amb només cinc anys de vida —si la comptem a partir del seu descobriment- havia aixecat tantes expectatives i estat objecte de tants estudis. El silici va donar nom al famós Silicon Valley de Califòrnia, on la informàtica i l'electrònica van produir un boom econòmic i tecnològic extraordinari. Potser en algun lloc sorgeixi, els propers anys un Graphene Valley o vall del Grafè. Caldrà estar atents a les possibilitats del material perquè aquesta vall no caigui gaire lluny de nosaltres.

---

1   Vegeu, en aquesta mateixa col·lecció, el llibre Jordi Llorca, *El hidrógeno y nuestro futuro energético.* Barcelona, Edicions UPC, 2010

2   Vegeu, en aquesta mateixa col·lecció, el llibre de B. Edwards, *El ascensor espacial.* Barcelona, Edicions UPC, 2010 (pàgs. 33-35)

8

ACLARINT LA CARA FOSCA

"Es tractava d'onades de gas gairebé inodores, quasi impossibles de reconèixer, com si diguéssim una boira enganxada a terra, i la seva acció destructora de les cèl·lules no començava fins passades tres o quatre hores. Sulfur de bis (2-cloroetil), un compost oliós dispersat en gotetes minúscules contra les quals no hi havia cap màscara que servís."

Günter Grass: El meu segle

La matinada del 3 de desembre de 1984, a Bhopal –a l'estat indi de Madhya Pradesh–, varen morir 3.000 persones. També va començar un anguniós compte enrere per a 15.000 persones més, que moririen els dies següents. La causa va ser una fuita de 42 tones d'isocianat de metil, un compost molt tòxic utilitzat com a intermediari en la fabricació de plaguicides, probablement barrejat amb altres substàncies, en quantitats menors.

El lloc on va escapar l'isocianat era la planta de l'empresa Union Carbide India Limited, dedicada a la fabricació de plàstics, plaguicides i altres productes químics. Portava al país asiàtic mig segle just. Amb molta probabilitat, les causes de l'accident eren la manca de manteniment adient i de controls de seguretat. Els anys anteriors, s'havien produït altres incidents que podien haver alertat sobre la possibilitat d'una tragèdia.

Els efectes de l'isocianat i la resta de productes encara es manifesten avui. Hi ha xifres oficials conservadores i hi ha xifres de diverses entitats i institucions que augmenten el nombre de damnificats, però no sembla exagerat dir que, des del moment de la fuita fins ara han mort unes 25.000 persones i moltes més pateixen greus seqüeles –càncer, malalties de fetge i ronyó, problemes respiratoris, trastorns hormonals... I no tan sols elles, sinó la seva descendència. La contaminació ha impregnat el sòl i l'aigua, i una població que no té cap altra opció que beure aigua amb una concentració de tòxics ho acaba pagant. A Bhopal, hi ha un percentatge

molt més elevat que en altres zones de l'Índia de nens nascuts amb mal-
formacions, retard mental, paràlisi cerebral, ceguesa...

No seria just ni equilibrat haver parlat, als capítols anteriors, dels molts
beneficis que la química aporta i deixar-ne de banda els perjudicis. També
seria injust carregar contra la química i no contra determinats compostos
químics o determinades formes d'utilitzar-los o de gestionar-los. La planta
havia donat alguns avisos que no li havien fet modificar la forma de treballar.

Però si l'accident en si és tràgic, resulta inqualificable l'actitud de l'em-
presa i els seus gestors després que es produís. El president d'Union
Carbide India Limited en aquell moment, Warren Anderson, va marxar als
Estats Units i mai no ha hagut de respondre davant de cap tribunal, mal-
grat les demandes en aquest sentit. Ha viscut de manera còmoda sense
assumir cap responsabilitat. Tampoc Union Carbide, que posseïa el 51%
de l'empresa –la resta era de diversos accionistes, inclòs el govern indi–
ha tingut cap interès a compensar mínimament el mal fet. L'any 1987, la
Cort d'Apel·lacions de Manhattan va dictaminar que Union Carbide India
Limited era una entitat separada i independent d'Union Carbide. Això
eximia de qualsevol responsabilitat l'empresa mare.

Ni Union Carbide, ni Warren Anderson es deuen haver sentit amb el
deure, ni legal ni moral, de compensar la gent de Bhopal. L'any 1989, l'afer
es va tancar amb 470 milions de dòlars. Aquesta quantitat havia de cobrir
milers de morts, milers de persones amb seqüeles, un terreny contami-
nat, els nens nascuts amb problemes com a conseqüència de l'accident i
la contaminació produïda... El 2001, Union Carbide India Limited va ser
adquirida per Dow Chemical Company. Aquesta altra empresa sempre
ha manifestat que no té cap responsabilitat en l'accident de 1984, que no
hi té res a veure. Altre cop, no senten ni responsabilitat moral.

Tampoc el govern indi sembla gaire preocupat. Opina que les morts
ja varen ser compensades, que no hi ha gent amb seqüeles ni nens amb
malformacions degudes a l'accident ni a la forma de treballar d'Union
Carbide India Limited. Ni el fet tan flagrant que l'advocat d'Union Carbide
India Limited sigui també portaveu del partit que governa l'Índia sembla
que provoqui cap neguit. Ni tan sols malestar; ni tan sols ganes de dissi-
mular, de cuidar les formes. Ni ètica, ni estètica. Sembla que l'ètica se'n va
anar amb les pluges que, com diu de forma cínica el ministre indi encar-
regat de vetllar per les víctimes, també es varen endur tota la contamina-
ció. Tot sembla tancat amb la sentencia dictada per un tribunal de Bhopal
el juny de 2010: dos anys de presó i 100.000 rúpies (1.774 euros) de
multa per a vuit antics treballadors d'Union Carbide India Limited. Cap no
haurà d'anar, però, a la presó.

Tampoc els estudis científics que continuen demostrant els alts nivells de contaminació i els seus efectes serveixen per a res. Entre aquests, n'hi ha un publicat el 2003 al *Journal of the American Medical Association* (JAMA) per Nishant Ranjan i altres metges de la Clínica Sambhavna de Bhopal, junt amb col·legues de Nova York i de Montreal, segons el qual els nens –però no les nenes– que eren fills de pares exposats als gasos tenien un desenvolupament físic menor. Els efectes eren superiors quan l'exposició s'havia produït a l'úter i menors si els nens havien nascut abans de l'incident.

I, mentrestant, Dow Chemical, entestada a ignorar la seva responsabilitat perquè el 1984 no hi era, fabrica a l'Índia un insecticida, el Dursban, prohibit als Estats Units per a ús domèstic i que només es pot aplicar en agricultura. Després de la seva prohibició, Dow Chemical ha intentat que el govern americà revoqués la decisió, però ara com ara sembla ben demostrat que el producte causa malalties neurològiques i, probablement, malformacions congènites.

Bhopal és un exemple que algunes substàncies químiques poden causar grans tragèdies. Però, sobretot, és un exemple que la manca de mesures de seguretat és la causa principal d'aquests desastres. I també que les responsabilitats s'han de buscar més enllà de la química, en executius irresponsables, polítics mancats d'ètica i advocats interessats no en la justícia, sinó en la impunitat dels seus adinerats clients.

Fa uns quants anys va aparèixer una nova disciplina, anomenada "química verda". El seu objectiu és estudiar els processos químics per tal de disminuir al mínim el seu impacte en el medi ambient. Es tracta d'una eina preventiva, perquè no estudia com eliminar els contaminants, sinó com evitar que causin problemes. Extreu lliçons de la natura, on el residu que produeix un organisme –o que es genera en un procés concret– pot ser aprofitat per un altre ésser viu o en una altra reacció biològica. La química verda també ajuda a ser més eficient, perquè eliminar un residu sempre comporta un cost i perquè, si optimitzem les quantitats d'aigua o de reactius que s'utilitzen, sempre n'obtindrem un estalvi.

Vol dir tot això que els químics no tenen cap responsabilitat en aquests o altres fets? De cap manera, com veurem a l'apartat següent.

MOLÈCULES PER A LA GUERRA

Hi ha noms de substàncies químiques que deriven de cognoms o de noms geogràfics. Ieper –Ypres, en francès– és una ciutat de Flandes que, de ben segur, voldria tirar la història enrere i renunciar a aquest suposat honor. La seva posició estratègica va fer que a la Primera Guerra Mundial, quan els alemanys decidiren anar a França a través de Bèlgica –malgrat la neutralitat d'aquest país–, triaren una ruta que passava per Ieper. La ciutat va ser rodejada i bombardejada, i finalment els aliats la recuperaren. Era el mes de novembre de 1914. Però al maig de l'any següent, els alemanys tornaren a l'ofensiva i utilitzaren una arma química: clor gasós. Ieper encara viuria una tercera batalla, el novembre de 1917, en la qual els alemanys utilitzaren una altra arma química: gas mostassa. Com que era la primera vegada que es feia servir, va acabar rebent un nom derivat de la ciutat: *iperita*.

La guerra química no era una cosa nova. Des de l'antiguitat, s'han utilitzat en els conflictes bèl·lics compostos per provocar incendis, grans fumarades i intoxicacions. Però els avenços de la química del segle XIX varen obrir noves possibilitats. A la Primera Guerra Mundial, es va utilitzar clor gasós, que és irritant i en certes dosis pot causar la mort. Poc després es va fer servir una substància més sofisticada, el fosgen, de fórmula $COCl_2$. I de seguida va sorgir el gas mostassa o iperita –1,5-dicloro-3-thiapentà–, que provoca greus irritacions a la pell i a les mucoses internes, que poden provocar vòmits, ofecs, ceguesa temporal i ferides molt greus. Pot romandre en el terreny durant molts dies. No és tan efectiu per matar, però ho és molt per inhabilitar els soldats enemics o fer-los sortir de les trinxeres.

Aquests compostos no eren nous. Es coneixien des del segle anterior. Tampoc no tenen sempre un ús limitat com a armes de guerra. El clor intervé en nombrosos processos industrials i té moltes aplicacions. El fosgen també es fa servir en la indústria, però es manté sota controls estrictes, tant pel risc que representa com per evitar que sigui desviat cap a usos bèl·lics.

Però els productes químics no són els únics que tenen aquesta doble cara. També els químics la poden tenir. I potser l'exemple més clar sigui el de l'alemany Fritz Haber (1868-1934). Junt amb el seu col·lega Carl Bosch (1874-1940), va descobrir el procés que porta el seu nom i que serveix per obtenir amoníac (NH_3) a partir d'hidrogen i del nitrogen atmosfèric. D'aquesta forma, es va trobar un procés industrial per sintetitzar fertilitzants i explosius sense dependre de les fonts naturals de nitrogen. Com que aquest element és bàsic per a les plantes, el descobriment de Haber i Bosch va fer augmentar de molt la producció agrícola. L'any 1918, Haber va rebre el Premi Nobel de Química. Bosch el rebria el 1931 pels seus treballs sobre síntesi química a altes pressions.

Quan Haber va rebre el Nobel, ja feia tres anys que havia mostrat la seva altra cara: havia demostrat els efectes del clor sobre l'organisme i havia estudiat la forma d'utilitzar-lo com a arma química –cal dir que el seu cas no era únic, ja que al bàndol aliat el químic i Premi Nobel de 1912

Víctor Grignard (1871-1935) estava encarregat d'investigar també en temes com la fabricació de fosgen. Haber no tan sols treballava en aquest tema, sinó que acabada la guerra rebutjà les crítiques a la seva actuació. Per cruels ironies de la vida, a l'institut que dirigia es va sintetitzar el Zyklon B, un insecticida que seria utilitzat pels nazis a les cambres de gas i que va acabar amb la vida d'alguns membres de la família de Haber –aquest havia fugit d'Alemanya pel seu origen jueu, però va morir abans de poder establir-se al territori que després seria l'estat d'Israel.

Ens trobem aquí amb un químic amb una trajectòria ètica més que dubtosa, que va proporcionar un avenç positiu i un de negatiu. Fins i tot si prenem el primer, l'obtenció de fertilitzants, hi hem de destacar una part negativa: el seu ús excessiu acaba empobrint el sòl i contaminant el subsòl i els aqüífers amb nitrats.

Malauradament, l'ús de productes químics com a arma ha continuat. I cada vegada es disposa de més coneixements que, si bé poden ser utilitzats en clau positiva, també tenen la seva cara negativa. L'octubre de 2002, un escamot txetxè va segrestar més de 700 persones en un teatre de Moscou. L'actuació dels soldats russos va ser tan expeditiva com tràgica: van llançar una substància per fer perdre el coneixement als segrestadors, però va acabar matant 124 hostatges. Segons es va explicar després, el gas era una barreja de substàncies derivades del fentanil, un compost de la família dels opiacis desenvolupada els anys cinquanta com a anestèsic.

Sense entrar en valoracions sobre el conflicte txetxè i l'actitud de Rússia, ni tan sols sobre l'actuació de l'exèrcit en el teatre, observem que les morts van ser produïdes per un compost que, en dosis adequades, es fa servir per adormir abans d'una intervenció quirúrgica. Hem vist al capítol 4 el servei que poden produir els opiacis i els seus derivats. Malauradament, també tenen altres usos. Quant més se sap sobre els mecanismes biològics de l'organisme, més fàcil és trobar nous fàrmacs, però també noves armes químiques. Ja l'any 1959, el director d'un comitè de química que assessorava el govern britànic assenyalava que els nous coneixements sobre el cervell humà i els nous fàrmacs podien permetre "buscar agents que produirien, no curarien, psicosis".

I, més recentment, el 2008, un informe de les Acadèmies de Ciències dels Estats Units explicava que, sempre que s'ha obtingut un antagonista per contrarestar una funció cognitiva, es pot trobar un agonista per potenciar-la. Un exemple: si hi ha substàncies tranquil·litzants, també se'n poder trobar d'altres que provoquin nerviosisme, i fins i tot pànic, en les forces enemigues. Només cal localitzar-les i buscar les maneres d'administrar-les. O bé es poden utilitzar els sedants per adormir el contrincant.

Són armes que no maten, i resulta sorprenent i poc encoratjador que cada dos anys se celebri el Simposi Europeu sobre Armes No Letals (www.non-lethal-weapons.com). Segons els seus promotors, aquestes armes augmenten la seguretat i l'estabilitat. Així, en el simposi de 2007, investigadors txecs varen descriure els efectes observats en macacos quan se'ls administraven combinacions de fàrmacs que produïen una pèrdua ràpida de l'agressivitat. Una prestació que podria ser molt útil, si no fos perquè és improbable que els líders polítics mundials –que serien els que l'utilitzarien– es posin d'acord sobre a qui cal pacificar.

Tot això demostra que, entre els químics, hi pot haver gent d'ètica tan dubtosa com en qualsevol altre camp, i que s'han d'exercir controls estrictes. Però també cal una societat conscienciada, que no toleri determinades recerques o les seves aplicacions. Una societat amb prou cultura científica i prou informació per poder pressionar contra determinades pràctiques. Una societat que no condemni "la química" en genèric.

EL VALOR DE LA SALUT

Hi ha uns 150.000 productes químics sintètics que, en molts casos, ens fan la vida més segura o més còmoda i que, també en molts casos, serien un luxe prescindible. Tenim medecines, cosmètics, pintures, productes de neteja, recobriments, plaguicides i mil coses més que mai no han existit a la natura i que la química ha permès desenvolupar. Molts o pocs d'aquests productes també provoquen problemes greus de contaminació i són tòxics. A més, es mantenen en el medi, s'acumulen i ja no desapareixen. Per això, les anomenem *substàncies tòxiques persistents*.

Des de fa uns quants anys, hi ha un fort debat amb la normativa europea REACH, sobre registre, avaluació, autorització i restricció de productes químics. Tot i els retalls que s'hi han produït per la pressió de la indústria, REACH obliga a avaluar les propietats físiques i químiques d'unes 30.000 substàncies que es venen en quantitats superiors a una tona per any i productor. I són aquests productors o els importadors els qui han de demostrar que són innòcues. Hi ha un grup de molt alta preocupació, que requereix una vigilància especial, per raó dels problemes de bioacumulació o dels seus efectes en l'organisme. En cada cas, cal demostrar que el risc és nul o molt baix o que, si no hi ha alternatives, els beneficis que proporciona la substància superen aquests riscos.

És exagerada aquesta política? La Comissió Europea assenyala que els beneficis econòmics per la reducció de despeses en salut pública seran de més de 40.000 milions d'euros en trenta anys, considerant només les malalties ocupacionals –és a dir, causades pels efectes que algunes substàncies tenen sobre els qui treballen en contacte amb elles. Podem considerar que seran molt més elevats si n'avaluem els beneficis generals i, encara més, si hi afegim un preu per la salut i el benestar.

No és fàcil quantificar aquests beneficis, però hi ha estudis que ho han fet. Així, se sap que el plom produeix problemes de salut molt diversos i, entre ells, anomalies en el desenvolupament neurocognitiu i en la conducta. La legislació que va eliminar la benzina amb plom i que ha controlat la seva presència en pintures i en joguines va aconseguir reduir els nivells d'aquest metall a la sang. Als Estats Units, les concentracions a la sang dels nens d'entre 1 i 5 anys van davallar de forma espectacular entre 1976 i 1999. Això tingué com a conseqüència l'augment d'entre 2,2 i 4,7 punts en el quocient intel·lectual (QI) dels nens en edat preescolar. Segons un estudi publicat l'any 2002 a *Environmental Health Perspectives* per experts en salut ambiental i en salut pública, això sol ja produirà un augment en la productivitat que es traduirà en un benefici econòmic d'entre 110.000 i 319.00 milions de dòlars per cada grup d'edat. I això comptant només el QI i la productivitat, sense tenir en compte altres problemes de salut o la reducció de les conductes violentes i de la delinqüència. I tot només per un sol contaminant.

No és gens fàcil –tot i que els economistes han elaborat mètodes i models per fer-ho– traduir en diners els beneficis de les millores en la salut. Però això no significa que haguem de renunciar a tenir en compte aquests costos. Així, un estudi fet a Dinamarca, dirigit per Lise Aksglaede, de l'Hospital Universitari de Copenhaguen, i publicat el maig del 2009 a la revista *Pediatrics* mostrava que l'inici de la pubertat femenina –el moment en què es forma el botó mamari i apareix pèl púbic– s'ha avançat en aquell país un any en només quinze anys. El 1991, la mitjana estava en

12/ Compostos orgànics persistents com el DDT i els seus productes de degradació (DDD i DDE) o l'hexaclorobenzè (HCB) s'acumulen a l'organisme i poden provocar problemes greus de salut.

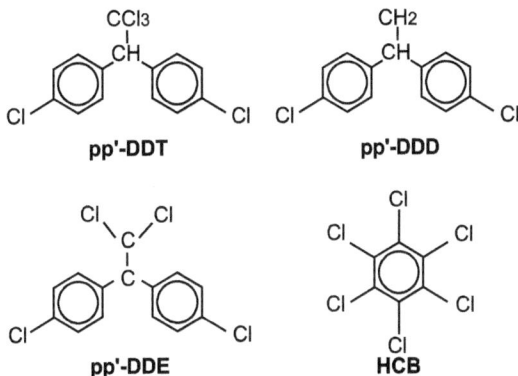

pp'-DDT

pp'-DDD

pp'-DDE

HCB

els 10,88 anys i, el 2006, havia baixat als 9,86 anys. Pel que fa a la primera regla, el 1991 es produïa, de mitjana, als 13 anys i cinc mesos i, el 2006, als 13 anys i un mes. Un estudi publicat el 2004 a *Medicina Clínica* assenyalava que a Catalunya la mitjana se situa en 12 anys i, 9 mesos i tot i que no hi ha estudis com el danès, els metges observen que la pubertat s'avança cada vegada més. I això augmenta el risc de càncer de pit. També pot provocar un risc més elevat de diabetis a l'edat adulta.

Els nivells de les hormones femenines s'han mantingut estables. Per això, una hipòtesi ben plausible de la causa d'aquests avenços és que alguns contaminants fan el mateix paper que les hormones. És a dir, hi ha unes substàncies que s'han anomenat *disruptors endocrins*, perquè imiten els efectes de les hormones en l'organisme. Un dels problemes és que són diversos, estan molt estesos i s'acumulen en el medi i en l'organisme. L'únic que podem fer en el pla individual és tenir una dieta variada i no abusar dels greixos animals. Però el control o la reducció dels contaminants només es pot assolir amb iniciatives com REACH i amb legislació que en limiti o elimini l'ús. Segur que els beneficis en forma de reducció de casos de càncer, de problemes de desenvolupament, de malformacions, de malalties diverses seran molt superiors als costos de buscar substituts o a les incomoditats de no disposar d'alguns d'aquests productes.

NO DISPAREU CONTRA LA QUÍMICA!

Als antics *saloon* de l'oest hi havia un cartell que implorava: "No dispareu contra el pianista." Es tractava d'evitar que, en algun dels nombrosos intercanvis de bales que es produïen en aquests locals, els danys se'ls endugués una persona que no tenia res a veure amb la baralla i que es limitava a animar la reunió amb la seva música. De vegades, vénen ganes de demanar que, en moltes botigues o, fins i tot, en els envasos de molts productes, s'hi posés un requadre que digués: "No dispareu contra la química."

Efectivament, no és gens estrany que a la química se la culpi de molts dels problemes ambientals o de salut que es produeixen en la nostra societat. Tot pot ser culpa de la química. Si la fruita no té el mateix sabor que abans és perquè ara es cultiva amb massa química. Si un producte no és prou natural és perquè porta química. Si un teixit no és tan agradable al tacte, segur que porta química. Hi ha qui vol productes sense química. Però mai no s'ha vist que algú demani, posem per cas, un cotxe sense física, tot i que les col·lisions entre els vehicles es deuen a l'actuació de forces físiques.

No sembla gaire difícil adonar-se que no hi pot haver coses sense química. Poca gent hi deu haver que no sàpiga, com a mínim, la fórmula de l'aigua: H_2O. Com podem tenir alguna cosa sense química, si fins i tot l'aigua és una substància química? La química no és un ingredient, sinó una ciència que estudia la matèria i les seves transformacions. A més, la química no és ni bona ni dolenta en si. La química proporciona fàrmacs i proporciona gasos verinosos. Però la natura també ens dóna aliments i tòxics. Que un producte sigui sintètic no implica res de negatiu, de la mateixa manera que un producte natural no té per què ser bo –la cicuta és un verí ben natural i hi ha bolets terriblement tòxics.

I, si cal un avís per no disparar contra la química, també en caldria un perquè no es dispari contra els químics. I no ho dic perquè se'ls doni la culpa d'algun desastre –cosa que, en casos com el de Fritz Haber, estaria justificat. Ho assenyalo per la mala traducció que es fa del terme anglès *chemical*, que vol dir "producte químic" i que sovint es tradueix, de forma pèssima, per "químic". Per això, quan en alguna publicació es llegeix que es volen eliminar els *hazardous chemicals* algú tradueix que es volen eliminar els "químics perillosos". Segur que hi ha químics perillosos, com hi ha gent perillosa entre els físics, els metges, els sastres, els botiguers i els cuiners, i en la resta de col·lectius. Però deu estar lluny de la intenció de l'articulista voler insinuar que hi ha químics que seran eliminats –cosa que deu fer venir calfreds als membres de la professió–, quan en realitat vol dir que alguns productes químics seran eliminats.

13/ Anunci publicat a la revista *Popular Mechanics* el setembre de 1955. Un curs pràctic de química per seguir a casa es presenta com una bona oportunitat per al futur professional: "Hi ha una mina d'or en la química!", afirma.

CHEMISTRY

BIG LABORATORY GIVEN FREE!

Are you looking for a **WONDERFUL FUTURE** that can start at home right now? The **NATIONAL SCHOOL OF CHEMISTRY** offers a fascinating correspondence course in **PRACTICAL CHEMISTRY** which will give you a wonderful education that can be used almost immediately to increase your income and your position in life, with prospects of a **GLORIOUS FUTURE!**
The course is very THOROUGH, yet specially prepared to be easy to all regardless of lack of previous training. Very little theory . . . this is a **PRACTICAL** course with **HUNDREDS** of fascinating **EXPERIMENTS** and valuable **FORMULAS!** Students learn, almost from the start, how to make chemicals and chemical products of commercial value, how to convert wastes into money, etc. **THERE IS A GOLD MINE IN CHEMISTRY!** Why not share in it? We will open your eyes to **GOLDEN OPPORTUNITIES** you've never dreamt of: for this is a **GOLDEN AGE** for those who possess special **KNOWLEDGE!**
An extensive laboratory of chemicals and equipment is included with the course at no extra cost! Just send 25c for your first lesson and **CHEMICAL KIT**; full details will be included. If you send $1.00 we will send first 5 lessons and supplies, including "How To Make 100 New Chemicals." Absolutely no obligation! **START YOUR NEW CAREER TODAY!**

NATIONAL SCHOOL OF CHEMISTRY
POST OFFICE BOX 606-A • REDWOOD CITY, CALIFORNIA

L'objectiu d'aquest llibre era mostrar la forma com la química ens ajuda a entendre la natura i les eines que ens proporciona per millorar la societat, i mostrar que contraposar química i natura és totalment inadequat. No hem volgut tampoc amagar la cara fosca de la química. Però voldríem concloure amb una idea que tinc molt arrelada: la lluita contra els mals usos de la química o de qualsevol altra ciència, i contra els seus efectes col·laterals negatius, es pot fer i s'ha de fer proporcionant més informació i més cultura científica, en general, i cultura química, en particular. Una societat ben informada i ben formada podrà fer pressió perquè els beneficis de la química superin àmpliament els seus perjudicis.

BIBLIOGRAFIA

OBRES PER AL PÚBLIC GENERAL

- Atkins, Peter (2007): *Las moléculas de Atkins*, Akal, Madrid
- Domènech, Xavier (2005): *Química verda*, Rubes, Barcelona
- Duran, Xavier; Martínez Nó, M. Dolors (2002, 2ª edició): *La química de cada dia*, Pòrtic, Barcelona
- Emsley, John (2001): *Nature's Building Blocks. An A-Z Guide to the Elements*, Oxford University Press, Oxford
- Emsley, John (2005): *Vanidad, vitalidad, virilidad*, Espasa, Pozuelo de Alarcón (Madrid)
- Fröböse, Gabriele i Rolf (2006): *Lust and Love. Is it more than chemistry?*, Royal Society of Chemistry, Cambridge
- Mans, Claudi (2005): *La truita cremada. 24 lliçons de química*, Col·legi Oficial de Químics de Catalunya, Barcelona
- Mans, Claudi (2006): *Els secrets de les etiquetes. La química dels productes de casa*, Mina, Barcelona
- McGee, Harold (2007): *La cocina y los alimentos : enciclopedia de la ciencia y la cultura de la comida*, Debate, Madrid
- Porta, Miquel; Puigdomènech, Elisa; Ballester, Ferran (2009): *Nuestra contaminación interna*, Libros de la Catarata, Madrid
- Proust, Brigitte (2006): *Petite géometrie des parfums*, Seuil, París
- Roca, Lali (2006): "Tòxics", *Perspectiva Ambiental*, núm. 38, Associació de Mestres Rosa Sensat i Fundació Terra, Barcelona <http://www.ecoterra.org/data/pa38.pdf>
- Snyder, Solomon, H. (1992): *Drogas y cerebro*, Prensa Científica, Barcelona
- This, Hervé (2005): *Cacerolas y tubos de ensayo*, Acribia, Saragossa

LECTURES AVANÇADES

Capítol 1

- Berg, Jeremy M.; Tymoczko, John L.; Stryer, Lubert (2007): *Bioquímica* (traducció de la sisena edició nord-americana), Reverté, Barcelona
- Castells, J. (2007): "Introducció a l'astroquímica. Escenaris evolutius previs a l'escenari planetari", <http://www.racab.es/activitats/castells.pdf>
- Llorca, Jordi (2000): "Química dels orígens", *Revista de la Societat Catalana de Química*, vol. I, pàg. 15-20
- Thaddeus, P. (2006): "The prebiotic molecules observed in the interstellar gas", *Philosophical Transations of the Royal Society B*, vol. 361, pàg. 1681-1687

Capítol 2

- Li, Jesse W.H.; Vederas, John C. (2009): "Drug discovery and natural products: end of an era or and endless frontier", *Science*, 10-VII-09, vol. 325, pàg. 161-165
- Raviña Rubira, Enrique (2008): *Medicamentos. Un viaje a lo largo de la evolución histórica del descubrimiento de fármacos* (2 vol.), Universidade de Santiago de Compostela
- Vivanco, Jorge M.; Cosio, Eric; Loyola-Vargas, Víctor M.; Flores, Héctor E. (2005): "Mecanismos químicos de defensa de las plantas", *Investigación y Ciencia*, febrer, pàg. 68-75
- Wender, Pau A.; Miller, Benjamin L. (2009): "Synthesis at the molecular frontier", *Nature*, 9 de juliol, vol. 460, pàg. 197-201

Capítol 3

- Donaldson, Zoe R.; Young, Larry J. (2008): "Oxytocin, vasopresin, and the neurogenetic of sociality", *Science*, 7 de desembre, vol. 322, pàg. 900-904
- Szalavitz, Maia (2008): "Hold me, trust me", *New Scientist*, 17de maig, pàg. 34-37
- Wyatt, Tristam (2009): "Fifty years of pheromones", *Nature*, 15 de gener, vol. 457, pàg. 262-263

Capítol 4

- Cunningham Owens, D.G. (1999): *A Guide to the Extrapyramidal Side-Effects of Antipsychotic Drugs*, Cambridge University Press
- Domino, Edward D. (1999): "History of modern psychopharmacology:

a personal view with an emphasis on antidepressants", *Psychosomatic Medicine*, vol. 61, pàg. 591-598

Capítol 5

- This, Hervé (2004): "Ciència i gastronomia: avenços recents en gastronomia molecular", *Mètode*, núm. 40, pàg. 53-58
- This, Hervé (2006): "Food for tomorrow? How the scientific discipline of molecular gastronomy could change the way we eat", *EMBO Reports*, vol. 7, pàg. 1062-1066

Capítol 6

- Reimer, P.J., et al. (2010): "Nova calibració de les corbes de datación amb el mètode del carboni 14", *Radiocarbon*, vol. 51 (2009), pàg. 1111-1150
- Lambert, Joseph B. (1998): *Traces of the Past. Unraveling the secrets of archaeology through chemistry*, Perseus Books, Reading (Massachusetts)
- Roldán, Clodoaldo; Sapiña, Fernando, coord. (2007): "Matèria d'art. La ciència en l'estudi i la conservació del patrimoni", *Mètode*, núm. 56, pàg. 46-125

Capítol 7

- Geim, A.K. (2009): "Graphene: status and prospects", *Science*, 19 de juny, vol. 324, pàg. 1530-1534
- Giffin, Guinevere A.; Boone, Steven R.; Cole, Renée S.; McKay, Scott E. (2002): "Modern sport and chemistry: what a chemically-aware sports fanatic should know", *Journal of Chemical Education*, vol. 79, pàg. 813
- Huebsch, Nathaniel; Mooney, David C.: (2009): "Inspiration and application in the evolution of biomaterials", *Nature*, 26 de novembre, vol. 462, pàg. 426-432

Capítol 8

- Dando, Malcolm (2009): "Biologists napping while work militarized", *Nature*, 20 d'agost, vol. 460, pàg. 950-951
- Grosse, Scott D.; Matte, Thomas D.; Schwartz, Joel; Jackson, Richard J. (2002): "Economic gains resulting from the reduction in children's exposure to lead in the United States", *Environmental Health Perspectives*, vol. 110, pàg. 563-569
- Schwarzman, Megan R.; Wilson, Michael P. (2009): "New science for chemicals policy", *Science*, 20 de novembre, vol. 326, pàg. 1065-1066

WEBS

- Agència Europea de Productes Químics:
  http://echa.europa.eu/
- Claudi Mans:
  http://www.angel.qui.ub.es/mans/
- Didáctica de la Química y Vida Cotidiana:
  http://quim.iqi.etsii.upm.es/vidacotidiana/Inicio.htm
- Fem química!
  http://www.edu365.cat/eso/muds/ciencies/quimica/index.htm
- Gastronomia molecular:
  http://khymos.org/
- Hervé This:
  http://sites.google.com/site/travauxdehervethis/
  http://hervethis.blogspot.com/
- REACH:
  http://ec.europa.eu/enterprise/sectors/chemicals/reach/index_fr.htm
- Royal Society of Chemistry:
  http://www.rsc.org/
- Societat Catalana de Química:
  http://scq.iec.cat
- The Human Touch of Chemistry:
  http://www.humantouchofchemistry.com/
- The Role of Chemistry in History
  http://itech.dickinson.edu/chemistry

ÍNDEX ALFABÈTIC

www.ingramcontent.com/pod-product-compliance
Lightning Source LLC
Chambersburg PA
CBHW062041200326
41519CB00017B/5100